ZHONGGUO NONGYE WENSHI QITI PAIFANG YANJIU

中国农业温室气体排放研究
——基于农产品对外贸易的视角

闵继胜◎著

安徽师范大学出版社

·芜湖·

本书受到以下项目基金的资助：安徽省高校人文社会科学研究重大项目"新型城镇化背景下安徽省城乡人口迁移对农业碳排放的影响机制研究"（编号：SK2015ZD15），国家自然科学基金青年项目"城乡人口迁移、新型农业经营主体发育与农业碳排放研究"（编号：71503005），中国博士后科学基金"新型城镇化背景下我国农业面源污染治理政策创新研究"（编号：2015M581237）。

图书在版编目(CIP)数据

中国农业温室气体排放研究：基于农产品对外贸易的视角/闵继胜著.—芜湖：安徽师范大学出版社，2016.12

ISBN 978-7-5676-2601-0

Ⅰ.①中… Ⅱ.①闵… Ⅲ.①农产品－对外贸易－影响－农业污染源－温室效应－气体污染物－研究－中国 Ⅳ.①X511

中国版本图书馆CIP数据核字(2016)第202200号

中国农业温室气体排放研究
——基于农产品对外贸易的视角

闵继胜 著

责任编辑：祝凤霞
装帧设计：任 彤
出版发行：安徽师范大学出版社
　　　　　芜湖市九华南路189号安徽师范大学花津校区　邮政编码：241002
网　　址：http://www.ahnupress.com/
发 行 部：0553-3883578 5910327 5910310(传真) E-mail：asdcbsfxb@126.com
印　　刷：虎彩印艺股份有限公司
版　　次：2016年12月第1版
印　　次：2016年12月第1次印刷
规　　格：700 mm×1000 mm　　1／16
印　　张：9.75
字　　数：150千
书　　号：ISBN 978-7-5676-2601-0
定　　价：26.00元

前　言

　　农业生产虽然能通过光合作用吸收一定量的二氧化碳，但是，生产环节的温室气体排放效应不容忽视。据联合国粮食及农业组织 2006 年的估计，仅生产和养殖两个环节，种植业中耕地释放的温室气体已超过全球人为温室气体排放总量的 30.00%（150 亿吨 CO_2 当量），农业养殖所带来的温室气体排放占全球总排放量的比重已达到 18.00%。另外，如果将化肥、农药生产过程中的温室气体排放考虑进来，所占比重可能远远超过这一数字。因此，农业的碳减排对于我国总体减排目标的实现具有重要意义。

　　为此，2010 年，我的导师胡浩教授以"建立以低碳排放为特征的农业产业体系和农产品消费模式研究"为题，成功申报了国家社会科学基金重大项目，当时我作为胡老师的博士生也参与了课题的申报工作。由于之前发表过一篇文章《基于 VAR（向量自回归）模型的我国碳排放与经济增长关系的动态分析》，于是胡老师让我参与课题研究，并在项目中寻找博士论文选题。在阅读了大量的国内外相关文献和农业统计资料之后发现，从农产品对外贸易视角系统研究中国农业温室气体排放问题的文献缺乏。另外，我国农产品的对外贸易规模和结构不断变化，化肥、农药等要素的施用量也在不断增加，二者之间还存在一些简单的统计关系。在胡老师的鼓励下，我鼓起勇气，大胆进行了融合经济学、生态学、畜牧学等学科的研究工作，初步将博士论文题目定为《农产品对外贸易对我国农业温室气体排放的影响研究》，并顺利通过了博士论文开题，进入下一步的研究和论文撰写阶段。经过两年多艰苦的资料收集、数据分析、文献整理等研究工作，我完成了博士论文并通过了论文答辩。其间，还将论文的阶段性研究成果在《中国人口·资源与环境》《软科学》《科技进步与对策》等期刊上发表，论文被多次引用，得到了同行的肯定和认可。

当然，博士论文的完成不是我研究的终点，而是新的起点，我的研究领域主要集中在农业碳减排和农村环境治理方面。近几年，我又陆续在《改革》《农业经济问题》和《农业技术经济》等期刊上发表了多篇学术论文。在安徽师范大学经济管理学院领导的关怀下，在安徽省高校人文社会科学研究重大项目和国家自然科学基金等的资助下，为总结近几年的研究成果，我将博士论文进行整理、修改和完善，以形成书稿，愿与学界同仁共同交流和进步，不足之处敬请批评指正。

本书主要包括以下五个方面的内容：第一，利用结构效应、规模效应和技术效应分析框架，定性分析了农产品对外贸易对中国农业温室气体排放的影响机理。第二，描述1991—2008年中国农产品进出口贸易的格局及结构演变，总结农产品进出口贸易的变化趋势及变动特征。第三，构建农产品温室气体排放量的测度模型，测算1991—2008年中国农业生产过程中的温室气体排放量。第四，借鉴 Grossman 等的研究方法，实证分析1991—2008年中国主要进出口农产品的温室气体排放效应。第五，参考 Grossman 和 Krueger（1995）提出的经济增长与环境关系的经典计量模型，引入贸易开放度（出口导向率、进口渗透率）和农业环境变量（温室气体排放量），利用省际面板数据，实证分析农产品贸易开放度对中国农业生产温室气体排放的影响。

研究的主要结论如下：第一，1991—2008年中国农业生产的温室气体排放呈现上升趋势，地区分布不均现象明显。中国水稻的 CH_4 排放量呈下降趋势，而同期的 N_2O 和 CO_2 排放量却逐年升高；中国畜牧业 CH_4 和 N_2O 排放量均呈先升后降的趋势；种植业所占份额不断缩减，畜牧业所占份额呈增加趋势；从温室气体排放的地区特征来看，四川（为保持统计空间的前后一致性，本书中四川省1997年及以后的统计数据中含重庆市数据）、湖南、江苏、河南和安徽等农业大省一直位居全国前列，这与各地区的农业生产结构密不可分。第二，整体而言，中国主要农产品进出口贸易呈现出显著的温室气体排放负效应，即有利于国内农业生产的温室气体减排。排放效应的分解结果表明：中国农产品对外贸易结构的优化呈现出显著的温室气体排放负效应；由于农业生产的技术进步速度缓慢，技术进步的减排效果并不明显，中国农产品对外贸易对国内温室气体减排呈现出显著的技术负效应；农产品对外贸易对中国国内温室气体排放呈现出显著的规模负效应。第三，农产品贸易开放度对中国农业生产的不同品种温室气体排放的影响不同。具体而言：农产品出口导向率和进口渗透率对农业生产的 CO_2 排放量影响显著，然而，二者对 CH_4 和 N_2O 排放量的影响并不明显。

目　　录

1 导　　论

1.1　研究背景

农业生产活动直接作用于自然环境，伴随着化学农业、机械农业等的发展，农业已成为重要的温室气体排放源。据联合国粮食及农业组织（Food and Agriculture Organization of the United Nations，FAO，下文简称"粮农组织"）2006 年的估计，仅生产和养殖两个环节，种植业中耕地释放的温室气体已超过全球人为温室气体排放总量的 30.00%（150 亿吨 CO_2 当量），农业养殖所带来的温室气体排放占全球总排放量的比重已达到 18.00%。2009 年《世界观察》刊登的《牲畜与气候变化》一文中指出，牲畜及其副产品实际上至少排放了 325.64 亿吨 CO_2 当量的温室气体，占世界总排放量的 51.00%，远远超过粮农组织先前估计的 18.00%（Robert Goodland et al.，2009）。在中国，农业也是"排碳"大户，农业温室气体总排放量占全国温室气体排放总量的比重约为 17.00%[①]。这一比例还未考虑化肥、农药等农业投入品生产过程中排放的温室气体量，以及农业生产作业中农业机械等消耗的化石能源所间接排放的温室气体量。

节能减排是党中央、国务院做出的重大战略部署。农业和农村节能减排是国家节能减排的重要组成部分。《"十二五"节能减排综合性工作方案》明确将农业源污染物减排纳入国家总体减排目标。推进农业和农村节能减排，充分利用农业生产的废弃物，扩大农业生产规模，减少农

---

① 胡启山.低碳农业　任重道远[J].农药市场信息，2010（2）：1.

业生产过程中的温室气体排放量，不仅有利于保护和改善农村生态环境，提高农民生活质量，而且对于缓解中国的温室气体减排压力具有重要的现实意义。

自由贸易对中国农业的总体影响是利大于弊（黄季焜 等，2005a；黄季焜 等，2005b；刘宇 等，2009），促进农产品的自由贸易符合中国的国家利益和长远利益。因此，过去几十年，中国为此做出了巨大努力，在放宽进出口市场准入的同时，采取了一系列措施以削减关税。中国于2001 年 12 月 11 日加入世界贸易组织（World Trade Organization，WTO），承诺通过扩大市场准入、取消出口补贴等途径，促进农产品的自由贸易。自 2001 年以来，中国农业进口的平均关税水平从 2001 年的 21.00%下降到 2004 年年底的 17.00%；同时，中国的非关税壁垒措施也在不断减少。中国农产品贸易额由 1978 年的 61.00 亿美元增加到 2008 年的 992.10亿美元，年均增长率约为 9.70%[①]。此外，产品结构也发生了变化，大豆、食用油、棉花等加工原料型农产品进口量激增，蔬菜等农产品出口量稳步增长。

目前，学者的共识是农产品自由贸易通过影响中国农产品的对外贸易结构，进而改变国内资源的配置和农业生产结构（杜晓君 等，1998；黄季焜 等，1999；赵慧娥，2005）。具体表现为：国内生产成本相对较高的农产品，如玉米、小麦、大豆和棉花等农作物，其播种面积和产量占农作物总播种面积和总产量（或总产值）的比重不断下降；相反，蔬菜和水果等农产品所占比重有所上升。因此，随着贸易开放程度的不断加大，中国农产品进出口贸易结构会发生改变，进而影响国内农业生产结构，并带来国内农业生产温室气体排放量的变化。

1.2　研究意义

对于对外贸易所产生的环境后果，国内外学术界观点不一，一些学者

---

① 数据来源：2006 年至 2009 年《中国农产品贸易发展报告》。

持消极观点，认为对外贸易的实施将直接导致环境的恶化；另一些学者则认为尽管自由贸易在短期内的环境效应是消极的，但随着时间的推移，对外贸易将对环境产生长期的积极影响。然而，前人的研究多集中于工业领域，针对农产品对外贸易对农业生产温室气体排放影响的研究相对较少。农业的发展关乎国家的稳定，粮食等农产品的生产更是具有重要的战略意义，因此，必须保证国内农产品的充分供给。实现国家的粮食安全，国内生产和借助于国际市场都是重要手段，即一国既可以自己生产，也可以通过对外贸易来获得农产品。农业生产需要土地、劳动力等各种生产要素的投入，与工业不同，土地资源是固定和不可再生的，而且农业技术进步速度缓慢，土地的边际生产率处于下降趋势，这就导致通过增加要素投入以提高单产的方法并不始终奏效。因此，要增加一种农产品的供应量就必须增加其生产规模，这就会压缩其他农产品的生产规模。受农业自身特性的影响，对于一国而言，若农产品对外贸易引起农产品的相对价格发生改变，则会促使农产品的生产规模发生改变，进而改变国内资源配置和农业生产结构。不同品种农产品农业生产过程中的要素投入品种和投入量存在差异，导致其温室气体排放强度发生改变，最终影响农业生产的温室气体排放量。那么，农产品对外贸易对于农业生产温室气体排放的影响程度和方向究竟如何呢？

普遍的共识是中国小麦、玉米、棉花、大豆等土地密集型农产品的生产已不具备明显的比较优势，而蔬菜、肉类等劳动密集型农产品的生产则具备明显的比较优势（刘剑文，2004；黄季焜 等，2005a；黄季焜等，2005b；刘宇 等，2009）。这可能会导致小麦、玉米、棉花、大豆等土地密集型农产品的国内生产规模缩减，蔬菜、肉类等劳动密集型农产品的国内生产规模扩张。不同农作物及畜产品农业生产过程中的温室气体排放量不同，以种植业为例，劳动密集型农作物和土地密集型农作物的化肥、农药等要素投入量存在很大差异。与小麦、玉米等农作物相比，蔬菜和水果等的化肥、农药等要素投入量较多（黄季焜 等，2005b），而化肥、农药等农业生产要素的生产过程和施用过程都会带来温室气体的排放。相关研究结果表明，不同畜产品农业生产过程中的温室气体排放量也存在很大差异。因此，根据大卫·李嘉图的比较优势理论，随着改革开放的不断深入和贸易开放程度的不断加深，在中国农产品的对外贸易中，劳动密集型农产品的出口量和土地密集型农产品的进口量增加，会导致国内劳动密集型农产品的生产规模扩张、土地密集型农产品的生产规模缩减，从而可能会促使国内农业生产的温室气体排放量发生改变。

经济增长带来的国内农产品需求增加、生产技术条件和市场环境改善等，会促使国内资源配置和农业生产结构发生改变，进而影响农业生产的温室气体排放量。但是，农产品对外贸易在一定程度上会有助于国内经济发展水平和农业生产技术的提升，带来国内农业生产温室气体排放量的变化。本书只关注农产品对外贸易对中国农业生产结构调整、资源配置的影响，进而测算其对国内农业生产温室气体排放量的影响，因此，经济增长等其他因素的影响不在研究范围之内。

本书关注的主要问题是：农产品对外贸易对中国农业生产温室气体排放的影响机理如何？近几十年来，随着贸易开放程度的不断加大，中国农业生产的温室气体排放量究竟有何变化，变化趋势如何？中国主要农产品进出口贸易的温室气体排放效应如何？农产品对外贸易是否会增加中国农业生产的温室气体排放量，影响程度如何？

本书通过分析农产品对外贸易对于中国农业生产温室气体排放的影响，农业生产温室气体排放的变化趋势，以及农产品进出口贸易的排放效应，可以为今后的相关研究提供新的研究思路和分析方法，具有一定的理论意义。此外，对于中国而言，人口增长、收入增加等因素都会增加国内农产品的需求量，改变农产品的需求结构。在保证国内农产品充分供给的条件下，农产品的出口规模和结构变化均会影响国内的农业生产结构和规模；同理，农产品的进口规模和结构变化亦是如此。因此，农产品的对外贸易结构和规模，通过影响国内农业生产的结构和规模，影响国内各种农业生产要素（化肥、农药等）的投入数量和品种结构，从而改变国内农业生产的温室气体排放量。由于农业生产过程中化肥等要素投入，以及畜禽的粪便排放是重要的温室气体排放源，农业上的节能减排不容忽视。随着农产品对外贸易规模的日益扩大，对外贸易引起的温室气体排放对我国农业生产温室气体减排产生的压力也不可小视。因此，本书的结论可以为今后中国选择合适的农产品对外贸易与农业环境保护政策，实现农业生产的温室气体减排与农产品对外贸易的协调发展提供一定的决策参考。

1.3　研究目标、假说和内容

1.3.1　研究目标

研究的总目标：在测算中国农业生产温室气体排放总量的基础上，对农产品对外贸易对中国农业生产温室气体排放的影响进行理论和实证分析。

研究的具体目标如下：

目标 1：测算 1991—2008 年中国农业生产过程中的温室气体排放量，为实证分析农产品贸易开放度对中国农业生产温室气体排放的影响提供数据支撑，并厘清农产品贸易自由化程度不断加大的背景下，中国农业生产温室气体排放的演变趋势。

目标 2：基于效应分解模型，分析中国主要进出口农产品的温室气体排放效应。

目标 3：实证分析农产品贸易开放度对中国农业生产温室气体排放的影响。

1.3.2　研究假说

为了实现以上研究目标，本书提出如下研究假说：

中国劳动力资源丰富、土地资源稀缺，根据比较优势理论，随着农产品贸易开放度的不断加大，国内农业生产结构会发生改变；此外，由于不同农产品农业生产过程中的要素投入量存在差异，其温室气体排放强度也各不相同。

假说 1：农产品贸易开放会诱导中国农业生产温室气体排放量发生

改变。

高排放强度农产品的出口规模增加、进口规模缩减,低排放强度农产品的出口规模增加、进口规模缩减,均会诱导国内农业生产规模增加。由于不同农产品的温室气体排放强度存在差异,不同排放强度农产品的净出口份额变化也会影响国内农业生产的温室气体排放量。

假说2:高排放强度农产品的净出口份额提升会增加国内农业生产的温室气体排放量,而低排放强度农产品的净出口份额提升则有助于减缓温室气体排放压力。

农产品贸易开放程度表现为农产品出口导向率和进口渗透率的高低。农产品出口导向率提高,表明该国对于农产品出口的依赖程度提高,会增加其国内农业生产的规模与要素投入量;相反,农产品进口渗透率提高,表明该国对于农产品进口的依赖程度提高,会缩减其国内农业生产的规模与要素投入量。

假说3:农产品出口导向率提高,会增加国内农业生产的温室气体排放量;农产品进口渗透率提高,有助于国内农业生产的温室气体减排。

1.3.3 研究内容

第一,根据经济学理论和原理,定性分析农产品对外贸易对中国农业生产温室气体排放的影响机理。

第二,描述1991—2008年中国农产品进出口贸易的格局及结构演变,厘清中国农产品进出口贸易的变化趋势及演变特征,为下文的研究提供现实佐证。

第三,根据联合国政府间气候变化专门委员会(Intergovern mental Panel on Climate Change,IPCC)(2006)、粮农组织(2004)和其他学者所提供的农产品生产过程中的温室气体排放系数,构建农产品温室气体排放量的测度模型,测算1991—2008年中国农业生产过程中的温室气体排放量,为下文的研究提供数据支撑。

第四,借鉴Grossman等(1991)、Chai(2002)和李怀政(2010)的研究方法,构建效应分解模型,实证分析1991—2008年中国主要进出口农产品的温室气体排放效应。

第五，参考 Grossman 和 Krueger（1995）提出的经济增长与环境关系的经典计量模型，引入贸易开放度（出口导向率、进口渗透率）和农业环境变量（温室气体排放量），利用省际面板数据，实证分析农产品贸易开放程度对中国农业生产温室气体排放的影响。

1.4　研究方法

在测算中国农业生产温室气体排放量的基础上，通过理论和实证分析，探讨农产品对外贸易对中国农业生产温室气体排放的影响。在研究过程中，综合运用规范和实证分析，经验和计量模型分析，以及归纳和演绎的逻辑分析方法。

（1）规范分析与实证分析相结合。在阅读国内外大量文献的基础上，借鉴已有的农业经济学、环境经济学和国际贸易的有关理论，对农业生产的温室气体和比较优势等相关概念进行阐述和界定；在厘清中国农产品对外贸易和农业生产温室气体排放的概况以及区域分布的基础上，运用规范分析方法，建立农产品对外贸易对中国农业生产的温室气体排放影响的理论分析框架，为下文的实证研究提供理论支撑。

（2）经验分析与计量模型分析相结合。在对客观现实进行经验分析的基础上，运用计量模型，对数据进行回归分析，以验证本书的逻辑推理和研究假说。具体的温室气体排放量的测算方法及农产品对外贸易对温室气体排放量影响的计量模型如下：

①种植业温室气体排放量的测度方法。

$$CH_{4crop} = \sum_{i=1}^{n} s_i \times \alpha_i \qquad (1-1)$$

$$N_2O_{crop} = \sum_{i=1}^{n} (s_i \times \beta_i + Q_i \times \gamma_i) \qquad (1-2)$$

$$CO_{2crop} = \sum_{i=1}^{n} T_i \times \chi_i \qquad (1-3)$$

②畜牧业温室气体排放量的测度方法。

$$CH_{4live} = \sum_{i=1}^{n} N_i \times \delta_i \qquad (1-4)$$

$$N_2O_{live} = \sum_{i=1}^{n} N_i \times \phi_i \qquad (1-5)$$

③农产品进出口贸易的温室气体排放效应计量模型。

借鉴 Grossman 等（1991）、Chai（2002）和李怀政（2010）的研究方法，将农产品出口贸易对农业生产温室气体排放的影响，界定为农产品出口贸易的温室气体排放效应，计量模型如下：

$$\underbrace{\Delta Q}_{\text{出口总排放效应}} = \underbrace{\sum_{i=1}^{n}(\Delta s_i \times e_i \times X)}_{\text{出口结构效应}} + \underbrace{\sum_{i=1}^{n}(s_i \times \Delta e_i \times X)}_{\text{出口技术效应}} + \underbrace{\sum_{i=1}^{n}(s_i \times e_i \times \Delta X)}_{\text{出口规模效应}} \qquad (1-6)$$

将农产品进口贸易对农业生产温室气体排放的影响，界定为农产品进口贸易的温室气体排放效应，计量模型如下：

$$\underbrace{\Delta M}_{\text{进口总排放效应}} = \underbrace{\sum_{i=1}^{n}(\Delta r_i \times e_i \times Y)}_{\text{进口结构效应}} + \underbrace{\sum_{i=1}^{n}(r_i \times \Delta e_i \times Y)}_{\text{进口技术效应}} + \underbrace{\sum_{i=1}^{n}(r_i \times e_i \times \Delta Y)}_{\text{进口规模效应}} \qquad (1-7)$$

④农产品贸易开放度对中国农业生产温室气体排放的影响的计量模型。Grossman 和 Krueger（1995）在关于经济增长与环境关系的研究中，构建了经典的计量模型。本研究在此基础上构建农产品对外贸易对农业生产温室气体排放的影响的计量模型。农产品贸易开放度表示为：农产品的进口渗透率（即农产品进口额与国内农业总产值的比值）和农产品的出口导向率（即农产品出口额与国内农业总产值的比值）。模型的具体形式如下：

$$Q_{it} = a_o + a_1 Y_{it} + a_2 (Y_{it})^2 + a_3 F_{1it} + a_4 F_{2it} + a_5 T_t + e_{it} \qquad (1-8)$$

（3）归纳和演绎的逻辑分析方法。根据有关理论，在一系列理论分析和逻辑推理的基础上提出研究假说，并利用相关模型进行验证，最后根据实证分析结果得出主要结论。

1.5　技术路线

本研究的技术路线如图1-1所示：

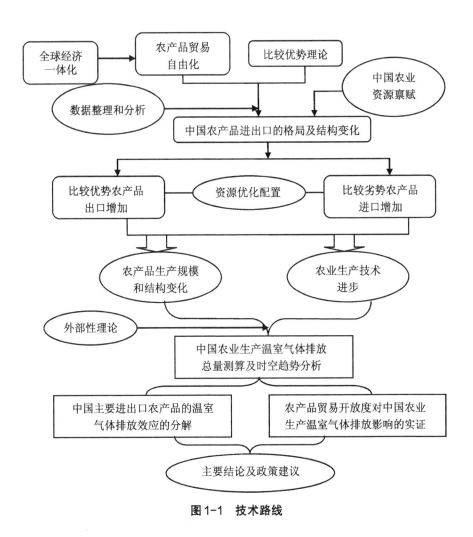

图 1-1　技术路线

1.6 创新之处

（1）构建中国农业生产温室气体排放量的测算模型，利用科学的测算指标，初步测算了1991—2008年中国农业生产的温室气体排放量，并厘清了其演变趋势，为后人的研究提供一定的借鉴和参考。

（2）将Grossman等（1991）最初针对工业品贸易提出的对外贸易环境效应引入农产品贸易，并借助其理论分析框架，实证分析了农产品对外贸易对中国农业生产温室气体排放的影响。

1.7 结构安排

本书共分为八章，前三章介绍研究背景、研究的主要问题、相关文献回顾以及理论基础和分析框架，第四章描述中国农产品进出口贸易格局及结构演变，第五章定量测算1991—2008年全国及各地区农业生产的温室气体排放量，第六至第七章实证分析中国主要进出口农产品的温室气体排放效应及农产品贸易开放度对中国农业生产温室气体排放的影响，第八章总结主要研究结论。具体如下：

第一章，导论。在提出研究背景和研究问题之后，介绍研究目标、研究假说、研究内容、研究方法、数据来源、技术路线等等。

第二章，概念界定与国内外研究综述。在界定核心概念的基础上，梳理国内外关于贸易自由化对环境影响以及温室气体排放测算等方面的研究现状。

第三章，理论基础与分析框架。介绍本研究的理论基础以及全书的逻辑框架，为下文的研究提供理论支撑。

第四章，中国农产品进出口贸易格局及结构演变。描述1991—2008年中国农产品进出口贸易的基本特征及结构演变，为后文的分析提供现实依据。

第五章，中国农业生产温室气体排放量的测算。通过构建相对科学的测算模型，测算了1991—2008年中国农业生产的温室气体排放总量，并描绘了农业生产的温室气体排放的地区特征，为下文提供数据支撑和现实佐证。

第六章，中国主要进出口农产品温室气体排放效应的分解。通过构建合理的排放效应分解模型，实证分析中国主要进出口农产品的温室气体排放效应。

第七章，农产品贸易开放度对中国农业生产温室气体排放影响的实证分析——基于省际面板数据。通过构建合理模型，引入贸易开放度和农业环境变量，实证分析农产品贸易开放对中国农业生产的温室气体排放的影响。

第八章，主要结论及政策建议。综合以上各章的详细分析，总结主要研究结论，并提出有关政策建议。

2 概念界定与国内外研究综述

2.1 概念界定

2.1.1 贸易自由化

贸易自由化是指一国对外国商品和服务的进口所采取的限制逐步减少，为进口商品和服务提供贸易优惠待遇的过程或结果。一般来说，狭义的贸易自由化是指迅速地实施比较完全的自由贸易政策，基本放弃贸易领域的政府干预。而广义的贸易自由化是指一定程度地降低贸易保护的程度和范围，并不一定要求实施完全的自由贸易政策（潘志坚，1997）。

农产品贸易自由化主要包含以下几个方面：一是扩大农产品市场准入，即取消农产品的进口配额、进出口许可证和限量登记等非关税边境措施，对国内农产品进口管理实行单一的关税措施。二是取消对农产品的出口补贴。三是削减造成农产品贸易扭曲的国内支持措施。就中国而言，一方面，由于目前国内支持水平还很低，入世协议承诺对中国的农业财政支持并没有实质性的约束力和导向作用；另一方面，国内引起农产品贸易扭曲的"黄箱"政策主要用于粮食和棉花的价格补贴，这部分价格补贴也包括食物安全用途和对国营流通部门社会功能的补贴，只有很少的一部分真正为农民所获得，对农业生产的直接作用不明显（张凌云 等，2005）。因此，本研究不考虑国内支持措施的削减对中国农业生产的影响。

2.1.2 温室气体

温室气体是指大气中由自然或人为产生的能够吸收和释放地球表面、大气和云层所射出的长波辐射的气体成分，如水蒸气、二氧化碳等。它们会促使地球表面变暖，类似于温室截留太阳辐射使室内空气变暖，即通常所说的"温室效应"。二氧化碳（CO_2）、氧化亚氮（N_2O）、甲烷（CH_4）等是地球大气中的主要温室气体。

农业生产所产生的温室气体主要有甲烷（CH_4）、氧化亚氮（N_2O）和二氧化碳（CO_2）。因此，农业生产的温室气体排放主要是指农业生产过程中的甲烷（CH_4）、氧化亚氮（N_2O）和二氧化碳（CO_2）的排放。它们的主要排放源为：化肥、农药等生产过程中的二氧化碳（CO_2）排放，农田灌溉、翻耕、农业机械使用过程中的二氧化碳（CO_2）排放，化肥施用后土壤自身的甲烷（CH_4）和氧化亚氮（N_2O）排放，畜禽肠道发酵和粪便排放所产生的甲烷（CH_4）和氧化亚氮（N_2O）。

2.1.3 农产品

关于农产品的对外贸易，目前常见的统计范围有四种，即联合国贸易和发展会议（United Nations Conference on Trade and Development，UNCTAD）、世界贸易组织、粮农组织和其他口径，不同的统计口径对农产品有不同的定义（钟钰，2007）。如程国强（1999）对中国农产品的定义，即考虑到水产品对外贸易在中国农产品进出口贸易中的重要地位，从而将水产品纳入农产品对外贸易。本书中农产品对外贸易的统计范围为：①HS税则中第一至第二十四章，其中扣除了鱼及鱼类产品；②HS编码2905.43（甘露糖醇）、HS编码2905.44（山梨醇）、HS税目33.01（精油）、HS税目35.01~35.05（蛋白类物质、改性淀粉、胶）、HS编码3809.10（整理剂）、HS编码3823.06（2905.43之外的山梨醇）、HS税目41.01~41.03（生皮）、HS税目43.01（生毛皮）、HS税目50.01~50.03（生丝和废丝）、HS税目51.01~51.03（羊毛和动物毛）、HS税目52.01~52.03（原棉、废棉和已梳棉）、HS税目53.01（生亚麻）、HS税目53.02（生大麻）；③水产品。

2.2 国内外研究综述

目前，国内外学者已进行了大量关于贸易自由化对生态环境的影响，以及温室气体排放的测算等方面的研究。已有研究主要集中在以下几个方面：

2.2.1 贸易自由化对生态环境的影响研究

多年来，学术界就贸易自由化与环境问题进行了大量研究，关于贸易自由化对环境的影响存在两种截然不同的观点。一种观点认为贸易自由化对环境有害。如 Copeland 和 Taylor（1994）运用南北贸易模型，从规模、结构以及技术等方面分析了国际贸易对环境质量的影响。结果表明，贸易自由化减轻了北方国家的环境污染，却增加了南方国家的污染。因此，对于全球而言，贸易自由化可能会增加污染物总量。Daly 和 Goodland（1994）以及 Ayres（1996）等人的研究也认为贸易自由化不利于全球环境的改善。另外，无节制的贸易活动会促使一国的生态环境遭受破坏，尤其是生态环境政策不健全或不严厉的国家，贸易活动对其生态环境的破坏会更大。Chichinishy 等（1994）认为，在私有产权没有明确界定的前提下，贸易自由化会加速发展中国家生态环境的破坏，进而促使全球生态环境的进一步恶化。中国也有一些学者持上述观点。余北迪（2005）通过对中国国际贸易对生态环境的影响进行理论和实证分析，发现国际贸易对中国生态环境的规模负效应远大于结构和技术正效应，对外贸易的总环境效应为负。党玉婷等（2007）运用 Grossman 和 Krueger（1991）的分析方法，以中国 1994—2003 年制造业产品为例，对中国对外贸易的环境效应进行了实证分析，发现中国对外贸易对环境的影响存在技术和结构正效应，但由于存在较大的规模负效应，总体而言，中国对外贸易存在环境负效应，即现阶段中国对外贸易恶化了国内的生态环境。周茂荣等（2008）参考 ACT 模型，采用面板数据对中国 1992—2004

年贸易自由化的环境效应进行了实证分析。研究表明，贸易自由化对我国生态环境的规模和结构负效应远大于技术正效应，即贸易自由化不利于中国生态环境的改善。程雁等（2009）运用 Copeland 和 Taylor 的理论模型，分析了中国贸易自由化对环境影响的主要路径，并实证分析了贸易自由化的结构效应中要素禀赋和污染控制成本的作用。结果显示，中国的贸易自由化增加了污染排放，其规模效应引起的污染增量远大于技术和结构效应引起的污染减量。李怀政（2010）以中国主要外向型工业行业为例，对中国出口贸易的环境效应予以实证分析。研究表明，中国出口贸易结构优化和技术进步对环境产生了显著的正效应，但是巨大的规模负效应掩盖了出口结构优化、技术进步的环境正效应，从而使出口贸易对生态环境总体上呈现出负效应。

另一种观点则认为对外贸易对环境有益。Grossman 和 Krueger（1991）提出贸易对环境影响有三种效应，即规模效应、结构效应和技术效应。规模效应指贸易自由化扩大了出口国的经济活动规模，进而导致该国环境污染加剧。结构效应指对外贸易通过国际间的分工，促使了国际间生产的专业化分工，优势出口国贸易结构发生变化，从而影响其国内生态环境。但是，对外贸易对一国生态环境的影响程度及方向依据该国对外贸易的商品结构而定，若一国扩张的出口行业平均污染强度要大于其缩减的进口行业，则出口贸易对生态环境而言呈现结构负效应，反之，则呈现结构正效应。技术效应指出口贸易增加国内生产总值（GDP），提高居民的收入水平和生活水平，进而提高人们对清洁环境的需求；另外，出口贸易使国外先进技术得以传播，从而有利于减少国内环境污染。此外，他们还利用北美自由贸易区的数据对以上假说进行了验证，研究发现贸易自由化并没有带来自由贸易区内环境的恶化。这一研究引起了全球学术界的强烈震动。随后，有很多学者如 Selden 和 Song（1994），Grossman 和 Krueger（1995）等借鉴该方法进行了相关实证分析，研究结论与 Grossman 和 Krueger（1991）的结论一致。此外，Antweiler 等（1998）建立了一个由污染控制成本和要素禀赋两个因素共同决定的贸易模式模型，并基于全球44个国家109个城市的面板数据，就贸易自由化对二氧化硫排放密度的影响进行了实证分析。研究结果表明，贸易自由化有助于污染排放密度的降低。国内学者利用中国的有关数据也得出了类似的结论。张连众等（2003）利用2000年中国31个省（自治区、直辖市）的横截面数据，选取贸易开放度和二氧化硫排放量两个指标，对中国贸易自由化与二氧化硫排放量之间的关系进行了实证分析。研究表明，贸易自由化有助于降低中国的环境污染程度。李秀香等（2004）以CO_2排放量为污染指标，实证分析了1981—1999年中国出口增长的环境效应。研究表明，在贸易自由化的同时实施严格的环境管制，出口贸易的增加并不会带来人均CO_2排放量的增加，相反，在一定程度上可以减少人均CO_2的排放，即可以实现对外贸易与环境的协调发展。

2.2.2　农产品对外贸易对农业环境的影响研究

以上研究多集中于工业领域，针对农产品对外贸易对农业环境影响的研究相对较少，这与农业污染的相关数据难以获得有关，然而这并不表示这一领域的研究没有意义。农业的发展关乎国家的稳定，而粮食等农产品的生产更具有重要的战略意义，因此，必须保证国内农产品的充分供给。国内生产和借助于国际市场都是保证国内粮食安全的重要手段。由于农业自身的特性，农产品对外贸易引起的农业生产结构调整等，会导致农业生产给生态环境带来较大的压力。那么，农产品对外贸易对农业环境的影响程度和方向究竟如何呢？

国外有代表性的研究，如Anderson（1992）发现，如果粮食实现全球贸易自由化，那么全球范围内与粮食生产有关的污染物的排放量可能会降低。Runger（1996）对美国、欧盟国家以及发展中国家的农业和环境政策进行了分析，发现经济增长会增加环境压力，但是他并不支持贸易保护，因为他认为从长期看贸易保护政策的效果更差。Eliste和Fredriksson（1998）基于政策的视角，就出口竞争国家的贸易自由化、策略性贸易政策对环境管制标准的影响进行了理论分析，并利用农业部门的相关数据进行了实证分析。研究表明，农业部门的贸易自由化不会导致环境"向底线赛跑"的结果，因为农业部门自身的特殊性，一些环境标准的底线不可能改变。Rae和Strutt（2007）运用GTAP模型估计了贸易自由化对经济合作与发展组织（Organization for Economic Co-operation and Development，OECD）成员国环境的影响。研究发现，对于全球而言，对外贸易改善了OECD国家的氮平衡，贸易自由化程度的加大将会带来氮平衡状况的更大幅度的改善；对于具体国家而言，对外贸易使大部分最初单位面积氮盈余高的国家的平衡状况得以改善；此外，贸易自由化还有助于降低原先农业高度保护的亚洲东北部和西欧地区的化学品使用强度。Minten等（2007）利用马达加斯加的调查资料，分析了小型订单对农户土地利用决策的影响。研究发现，出口贸易对土地利用具有很强的溢出效应，即农户若在蔬菜种植淡季接到出口订单，则会增加其耕地的化肥使用量，从而提升其耕地的土壤肥力。Vennemo等（2007）利用CGE模型分析了中国加入WTO对国内空气质量的影响。研究发现，从整体上看，中国加入WTO有利于国内生态环境的改善，农业进口的增加使国内农产品产量下降，如毛料、棉花和水稻生产分别缩减40%、10%和7.5%，导致国内农业生产过程中的CH_4、N_2O排放量均有所下降，环境质量得以改善。Novo等（2008）通过计算1997—2005年西班牙谷类贸易产生的"虚拟水"流量，发现西班牙是"虚拟水"的净进口国，谷类贸易有利于西班牙的水资源利用与管理。

国内有代表性的研究，如陆文聪等（2002）认为农产品贸易对农业环境既有利又有弊，应该扩大正面效应、抑制负面效应，实现农业与贸易的可持续发展。张凌云等（2005）分析了中国种植业进出口变化对环境的影响，研究发现进口对缓解国内环境污染作用显著，而出口导向作用不明显。曲如晓（2003）认为农产品贸易自由化有助于提升发展中国家的人均收入水平，但是会对农业生态环境产生不利影响。因此，如何协调农产品贸易与农业环境之间的关系，已经成为许多发展中国家面临的重要难题之一。代金贵（2009）以农药和化肥用量作为环境变量，利用时间序列和面板数据，分析了农产品贸易自由化对中国农业环境的影响。研究表明，农产品出口会引起农业环境污染的增加，而农产品进口以及外商对农业的直接投资则会减少农业环境污染；就全国而言，农业贸易自由化对生态环境产生负面影响，贸易依存度的提高会增加化肥的使用量；就地区而言，贸易依存度的提升，使化肥用量的增幅从东部、中部到西部依次增加；农业贸易自由化的收入效应总体上呈现出倒"U"型趋势，东部、中部和西部地区也呈现出这种趋势。

农业生产过程中化肥、农药等生产要素的使用，不仅带来农业面源污染等环境问题，而且农业已成为重要的温室气体排放源，农业生产过程中的温室气体排放量占全国温室气体排放总量的比重较高。因此，农产品对外贸易通过改变国内农业生产结构和规模等途径，导致农业生产的温室气体排放量发生改变。但是，学者们对这一问题关注较少。仅有Verburg 等（2009）利用 LEITAP-IMAGE 模型，分析了农业贸易自由化对与土地利用有关的温室气体排放的影响。研究表明，与2015年的参考情景值相比，贸易自由化使全球温室气体排放量增加约6%。研究农产品对外贸易对农业生产的温室气体排放的影响，首先需要寻找农业生产的温室气体排放源，进而定量测算农业生产过程中的温室气体排放量。

2.2.3 农业生产温室气体排放的相关研究

人类的农业生产活动与全球气候变化密切相关，联合国政府间气候变化专门委员会第四次评估报告指出，农业是第二大温室气体排放源，排放量介于电热生产与尾气排放之间（新能源与低碳行动课题组，2011）。因此，研究农业生产过程中温室气体排放问题具有重要意义。目前，国内外相关研究主要包括两个方面。

一方面，关于农业生产温室气体排放源的探究。对于农业生态系统来说，最大的碳库是土壤。土壤圈是碳素的重要贮存库和转换器，它含有的有机碳量占整个生物圈总碳量的3/4，是生物圈中最大的碳库（EEA，2006）。土壤中的有机物质经微生物分解，以 CO_2 的形式释放到大气中，CH_4 可在长期淹水的农田中经发酵作用产生，全球一半以上的 N_2O 和 NO_x 来自土壤的硝化和反硝化过程（Intergovernmental Panel on Climate Change，2007）。Cambra-Lopez M（2010）发现了一个空气污染问题，即来自家畜养殖系统的可吸入颗粒物的排放。他认为家畜圈是排放可吸入颗粒物的主要来源之一，高浓度的可吸入颗粒物能威胁到环境以及人和动物的健康。水稻生长过程中因本底土壤长时间被水淹没，形成了厌氧条件，进而产生了 CH_4；农田过量施用氮肥会增加土壤中的 N_2O 排放量。另外，家畜粪肥处理过程中也会排放 CH_4 和 N_2O 两种温室气体（Freibauer，2003）。土地利用变化是全球碳含量增加的第二大来源，其排放量仅次于化石燃料燃烧所排放的碳量。据测算，土地利用变化每年向大气排放的碳量为116 Pg，约占人类活动总排放量的20%（Paustiank et al.，2005）。农业生产管理方式也会影响农田的温室气体排放。据研究，水稻田 CH_4 排放受到灌溉方式、施肥类型及用量、气温等多种因素的影响。其中，农业管理措施的影响显著，例如，采用间歇灌溉相比传统的淹灌能有效提高水稻产量，并减少稻田 CH_4 的排放（陈宗良 等，1992）。

另一方面，关于农业生产温室气体排放量的测算。Subak（1999）使用了一种计算土地利用和能源有关的 CO_2 排放量的方法，测算并比较了美国专门的密集饲养场模式与非洲传统的田园饲养模式对环境影响的差异。研究表明，虽然美国饲养场模式会产生较大的 CO_2 排放量，每千克牛肉的环境成本为15千克 CO_2，是非洲田园饲养模式的两倍，但是，由于生产力较低，非洲田园饲养模式的 CH_4 排放量也比较大。粮农组织利用IPCC的方法和系数，估算了中国2004年主要畜禽的温室气体排放量（FAO，2006）。Yang 等（2003）估算了1991—2000年中国台湾省家畜饲养部门的温室气体排放量，结果显示，CH_4 排放总量先从1990年的8.80万吨增加到1996年的11.23万吨，而后下降到2000年的9.12万吨；N_2O 排放总量先从1990年的1.89吨增加到1996年的2.43吨，此后下降到2000年的2.30吨。Zhou 等（2007）测算了中国1949—2003年畜禽的温室气体排放量，结果显示，1949—2003年，中国畜禽的温室气体排放总量从1949年的82.01万吨 CO_2 当量增加到2003年的309.76万吨 CO_2 当量。董红敏等（2008）对中国农业生产的温室气体排放量进行了测算，研究表明，中国农业活动的 CH_4 排放量为1 719.60万吨，占全国 CH_4 排放总量的50.15%，其中，动物饲养过程中的 CH_4 排放量为1 104.90万吨、稻田 CH_4

排放量为614.70万吨。董红敏等（1995）采用OECD（1991）的测算方法，分三个时间点（1980、1985和1990年）对中国反刍类动物CH_4排放量进行了估算。胡向东等（2010）估算了2000—2007年中国畜禽生产的温室气体排放总量，以及2007年各地区的温室气体排放量。研究显示，中国年平均排放CH_4总量为1 002.70万吨、N_2O总量为57.70万吨。王智平（1997）认为排放量估算是温室气体效应研究的重要内容，他利用相关数据估算了1993年中国农田N_2O排放总量。研究显示，中国农田N_2O排放总量为18.06万吨，本底排放量、施肥释放量和淋溶排放量分别占总排放量的40.10%、33.70%和26.20%。王少彬等（1993）采用IPCC推荐的方法，估算出中国1990年耕地中旱地的N_2O本底排放量为6.30万吨，肥料释放量为2.32万吨，肥料淋溶排放量为2.50万吨。周毅（1993）估算出中国1990年施肥引起的N_2O排放量为2.12万吨。王明星等（1998）利用相关模型计算了中国各地区稻田的CH_4排放因子和CH_4排放总量，并根据统计年鉴及相关数据，估算出中国稻田CH_4的年排放总量在9.67万~12.66万吨。李波等（2011）基于农业生产中六个主要的碳源，测算了1993—2008年中国农业生产的碳排放量。研究发现，1993年以来，中国农业生产的碳排放量总体处于阶段性的上升态势，具体表现为快速增长期、缓慢增长期、增速反弹回升期、增速明显放缓期四个变化阶段。

2.3　本章小结

通过以上综述可以发现，相关研究虽取得了丰硕的成果，为后人提供了重要的参考数据和研究方法，但是仍存在不足：首先，在中国农业生产温室气体排放量的测算方面，可能受数据获取的制约，未能全面估算中国农业生产的温室气体排放总量及演变趋势；其次，在农产品对外贸易对农业生产温室气体排放的影响研究方面，鲜见学者进行相关实证分析。

随着全球经济一体化进程的加快，农产品贸易开放度不断加大，中国农产品对外贸易规模逐年增加，这势必会通过影响国内农业生产规模等因素，进而改变中国农业生产的温室气体排放量。因此，从理论上厘清农产品对外贸易对中国农业生产温室气体排放的影响机理，并通过实证方法定量测算其影响方向及影响程度，对于中国未来农产品对外贸易政策的制定有重要意义。

3 理论基础与分析框架

3.1 理论基础

3.1.1 比较优势理论

在全球经济一体化的背景下，各国均会从贸易自由化中受益。一方面，由于参与国际贸易的各国之间存在差别，它们可以根据自身条件扬长避短，从而获得好处。另一方面，如果每一个国家都仅生产一两种产品，这样便可以实现大规模、专业化生产，从而提高自身的生产效率，在同样的时间内生产出更多的产品。因此，从理论上说，各国都应该根据自身的条件，依据比较优势来进行生产和对外贸易活动，这是比较优势理论的核心思想。

大卫·李嘉图是比较优势理论的提出者，他的代表作《政治经济学及赋税原理》于1817年出版，此书首次提出了比较成本贸易理论，即"比较优势理论"。该理论是在亚当·斯密的绝对优势贸易理论基础上发展而来的，克服了绝对优势贸易理论的缺陷，即如果两国经济发展水平悬殊，相对于另一国而言，一国在各种产品的生产上均处于绝对劣势，那么这两国将无法进行国际贸易。比较优势理论认为，两国进行国际贸易的基础是生产技术的相对差别，以及由此导致的生产成本的相对差别，而非生产技术和生产成本的绝对差别。各国可以集中自身的相对优势生产并出口具有"比较优势"的产品，进口具有"比较劣势"的产品，实现从国际分工和交换中获利。然而，比较优势理论有严格的理论前提假设：第一，劳动力是唯一的生产要素，它是国际贸易利益的源泉；第二，边际报酬不变，即各产业每单位产品所需要的劳动投入量是固定的①；第三，生产要素在一国范围内可以自由流动，在两国之间则不然。

大卫·李嘉图的比较优势理论自诞生之日起就在西方学术界占有重要地位，直到20世纪30年代，受到来自瑞典的两位经济学家赫克歇尔和俄林的挑战。他们提出了要素禀赋学说，即著名的赫克歇尔-俄林原理（H-O原理）。该原理克服了比较优势理论的缺陷，即现实的国际贸易不仅取决于单一的生产要素，还取决于构成实际生产成本的其他生产要素的价格差别。该原理的基本假设条件如下：第一，假定只有两个国家、两种产品和两种生产要素；第二，在一国范围内各生产要素可以完全自由流动，而在国家之间流动则受限制；第三，不考虑规模经济因素；第四，两国技术水平相同，生产函数相同。在上述前提假设的基础上，要素禀赋学说认为：各国应根据自身的资源丰缺情况来安排商品的生产和贸易。对于资本较富裕的国家，资本要素的价格相对低廉，应该在生产中大量使用资本，进行资本密集型产品的生产和出口；对于劳动力较富裕的国家，劳动力要素的价格相对低廉，应该在生产中大量使用劳动力，进行劳动密集型产品的生产和出口。两国进行国际贸易的直接原因是两国生产成本的差异所导致的产品价格差异，如果扣除出口运费后两国产品仍存在价格差异，则两国就可以进行国际贸易。因此，赫克歇尔和俄林认为：一国生产并出口大量使用本国资源供应充足的生产要素的产品，则产品价格就低，就具有比较优势；反之，若一国生产并出口大量使用本国稀缺的生产要素的产品，则产品价格就高，就不具有比较优势。因此，各国都应该尽量利用自身供应充裕、价格便宜的生产要素进行生产并出口廉价产品，以换回别国其他相对廉价的产品。

比较优势理论不仅解释了国际贸易的动因和流向，而且对于现实的国际贸易和分工具有重要的指导意义。根据比较优势理论，各国都应该

---

① 徐志刚.比较优势与中国农业生产结构调整[D].南京：南京农业大学，2001.

生产并出口具有相对比较优势的产品，同时进口具有相对比较劣势的产品，这样可以实现全球资源的优化配置，增进全社会的福利水平。就中国农产品贸易而言，目前劳动力资源相对充裕，劳动力成本相对较低，因此，应多使用劳动力要素进行生产，即扩大劳动密集型农产品的生产规模并增加其出口；同时，中国土地资源相对稀缺，土地使用成本较高，应缩减土地密集型农产品的生产规模并增加其进口，从而实现中国国内资源配置效率的提升，以及国内总福利水平的最大化。

3.1.2　外部性理论

外部性理论由著名经济学家马歇尔于1910年首次提出，随后由庇古进行了丰富和发展，形成了著名的外部不经济理论。一个消费者的行为，可能有利或有害于其他消费者；一个生产者的行为，也可能对消费者和其他生产者产生有利或不利的影响。通常这两种影响不直接对市场中的生产和消费效应产生反应，我们把经济主体对其他人产生的这种影响称为外部性（Externality）[①]。外部性可以分为外部经济和外部不经济，我们把对外界有利的影响称为外部经济（正外部性），把对外界不利的影响称为外部不经济（负外部性）。从经济效益的视角来看，正外部性表现为个人经济效益水平 V_P 低于社会平均效益 V_S，或者说社会边际成本 MSC 要小于私人边际成本 MC，二者之间的差值就是边际外部收益 MEB；负外部性表现为个人经济效益水平 V_P 高于社会平均效益 V_S，或者说社会边际成本 MSC 要大于私人边际成本 MC，二者之间的差值就是边际环境成本 MEC，如图3-1所示。

在市场经济中，经济主体只会依据自身收益最大化进行生产或者消费决策，而较少考虑自身的生产或消费行为是否会给他人带来收益或损失，这样必然导致两种结果，即存在负外部性的产品在市场上供给会过量，而存在正外部性的产品则会供给不足。不管是负外部性产品供给过量，还是正外部性产品供给不足，都会不同程度地带来环境恶化[②]。

---

① 董小琳.环境经济学[M].北京：人民交通出版社，2011.
② 王丽萍.环境与资源经济学[M].徐州：中国矿业大学出版社，2007.

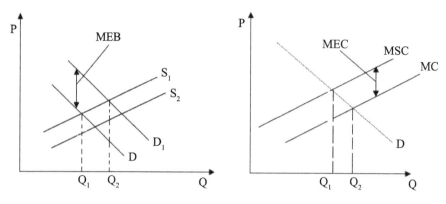

图3-1 外部性（正、负）

对于农业生产者而言，为了提高农作物产量，获得农业收益最大化，他们会在农业生产过程中大量施用化肥和农药等生产要素。但是，在其获得最大收益的同时，农业生产的温室气体排放量则会不断增加。然而，由于农业生产的环境规制措施缺失，农户对此并不承担任何责任，对农业生产的环境效应并不予以考虑。从经济效益的视角来看，即农户生产行为的私人边际成本MC要低于社会边际成本MSC，即边际环境成本MEC大于零。因此，将农户不合理的农业生产行为带来的负外部性内部化就显得尤为重要。依据相关理论并结合我国国情，当前我们可以采取以下措施：第一，应该明确界定农业生产的温室气体排放权，在此基础上建立温室气体排放权的交易市场，对农业生产的温室气体排放问题进行市场化，进而实现将温室气体排放的环境成本纳入农户生产决策之中，以影响其农业生产规模；第二，对农户低碳生产行为给予补贴，对其高碳排放行为进行征税，即对减少化肥等生产要素使用，代之以有机肥、农家肥的农户进行补贴，而对过量的化肥投入进行征税。

3.2 分析框架

Steve构建了生态环境演变的分析框架，将引起生态环境变化的驱动力分为直接和间接两种。直接驱动力是指直接影响生态系统变化的主要因素，如气候、地表覆盖变化等对物理、化学以及生物方面产生影响的因素；间接驱动力是指通过作用于直接驱动力而改变或影响其作用效果，从而对生态环境产生较广泛影响的因素，如人口、经济、社会政治、文化状况等因素（Steve et al.，2005）。由于人口、经济、社会政治、文化状况等间接驱动因素相对而言是可控的，研究其对生态环境的影响，对于政策制定者而言更具有现实意义。因此，这一分析框架更重视后者对生态环境的影响。本研究借鉴此研究思路，从影响农业生产温室气体排放的间接因素（农产品贸易）出发，试图阐述农产品对外贸易对中国农业生产温室气体排放的影响机理。

对外贸易对环境的影响途径主要包括结构效应、规模效应和技术效应（Grossman et al.，1991）。因此，农产品对外贸易对中国农业生产的温室气体排放的影响可以分为结构效应、规模效应和技术效应三个方面。农产品对外贸易过程中会伴随着国内农业生产结构的演变、生产规模的扩大、技术的进步，这些因素在环境因子的作用下，最终影响中国农业生产的温室气体排放。此外，政府的环境保护制度、环境保护标准，也会影响国内农业生产的温室气体排放。农产品对外贸易对中国农业温室气体排放的影响途径如图3-2所示。

3.2.1 农产品对外贸易的结构效应

根据比较优势理论，在自由贸易的情况下，各国将根据自身农业资源的禀赋状况进行生产，并出口其相对丰裕的资源密集型农产品，进口其相对稀缺的资源密集型农产品。由于各国自身的农业资源禀赋不同，各国专业化生产的农产品品种也不尽相同，从而导致农产品生产的国际分工发生变化。

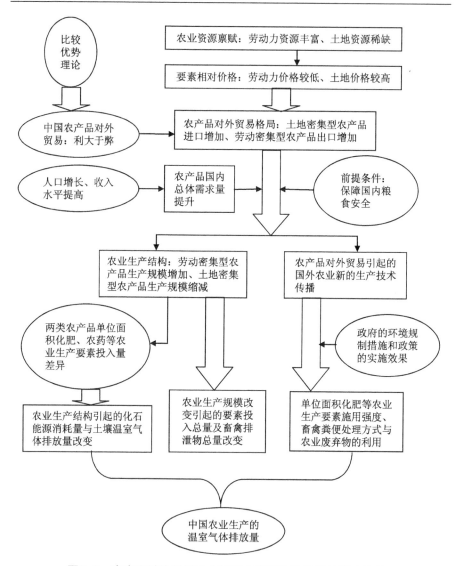

图3-2 农产品对外贸易对中国农业温室气体排放的影响途径

农产品对外贸易的结构效应是指农产品对外贸易会推动国内农业生产结构发生改变。对外贸易将更为直接地引入来自国际市场的农产品竞争，通过对国内市场价格的影响，引导国内的农业生产结构朝着更具比较优势的方向调整，即具有比较优势的农产品生产规模扩大，具有比较劣势的农产品生产规模缩减，具体表现为种植业内部结构以及种植业、畜牧业的比例发生变化。这种变化将导致农业生产要素投入、地表种植作物品种、畜禽饲养品种均发生变化，从而对农业生产的温室气体排放产生不同的影响。

中国劳动力资源丰富、土地资源不足，对于农业生产而言，土地的成本较高而劳动力的成本较低。在国际农产品市场上，相对于美国等主要农产品出口国而言，中国劳动密集型农产品的相对价格较低、土地密集型农产品的相对价格较高，因此，中国在土地密集型农产品的出口上具有比较劣势，而在劳动密集型农产品的出口上具有比较优势。为了提高农业收入，国内应增加劳动密集型农产品的出口量和生产规模。由于人口不断增长等因素，中国对于农产品的需要日益增加，保障国家的粮食安全是首要任务，增加劳动密集型农产品出口规模的重要途径即扩大国内生产规模和单位面积的要素投入强度，因此，蔬菜等劳动密集型农产品的生产规模日益扩大。1991—2008 年，蔬菜播种面积逐年递增，从 1991 年的 6 546.50 千公顷，增加到 2008 年的 17 876.00 千公顷，增加了 11 329.50 千公顷，增加了近两倍，如图 3-3 所示。蔬菜农业生产过程中对化肥、农药和农膜等的需求量要大于小麦、玉米等大田作物①。受土地资源的制约，劳动密集型农产品的生产规模扩大会压缩土地密集型农产品的生产规模②，而且土地密集型农产品的国际市场价格相对较低，可以借助国际市场来满足国内对于该类农产品的需求，因此，土地密集型农产品的进口规模呈上升趋势。1995—2008 年，土地密集型农产品的净进口贸易规模逐年递增，棉花净进口量从 1995 年的 97.37 万吨增加到 2008 年的 224.04 万吨，年均增长率为 6.26%；油籽类则由 1995 年的净出口演变为 2008 年的净进口，而且进口规模日益增加；植物油类净进口量从 1995 年的 318.61 万吨增加到 2008 年的 848.03 万吨，年均增长率为 7.82%③。

---

① 张锋. 中国化肥投入的面源污染问题研究［D］. 南京：南京农业大学，2010.
② 例如，棉花的播种面积就从 1991 年的 6 538.50 千公顷下降到 2008 年的 5 754.14 千公顷（2009 年《中国统计年鉴》）。
③ 数据来源：1996 年至 2009 年《中国农产品贸易发展报告》。

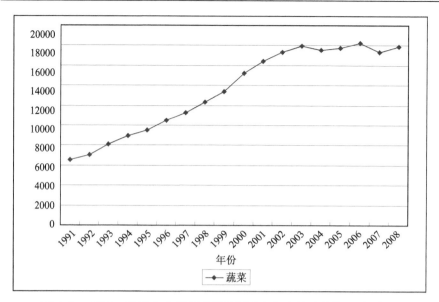

图3-3　1991—2008年中国蔬菜播种面积变化趋势（单位：千公顷）

3.2.2　农产品对外贸易的规模效应

农产品对外贸易的规模效应包括出口和进口两个方面。农产品出口的规模效应指农产品出口规模的扩大，推动国内农业生产规模的扩张，从而增加农业生产各种要素的投入量和施用强度，进而增加农业生产的温室气体排放；农产品进口的规模效应指农产品进口规模的扩大，导致国内农业生产的规模缩减，从而减少农业生产过程中化肥、农药等要素的投入量和施用强度，进而减少国内农业生产的温室气体排放。

就中国农产品出口的规模效应而言，在国际市场上，中国劳动密集型农产品在价格上具有比较优势，其出口价格相对上升，就会诱发国内出口规模不断扩大。受人口增长、收入水平提升导致的需求刚性因素制约，出口规模的扩大不能依靠缩减国内消费者的农产品供应来解决，只能依靠扩大劳动密集型农产品的生产规模。具体表现为：就种植业而言，由于国内农业生产资料的使用效率没有得到提升，为了追求高产量以满足消费需求，必然会增加化肥、农药等农业生产要素的总投入量；同时，受耕地面积等因素的制约，农产品需求的增加还会引起耕地复种指数的增加，带来单位面积的化肥、农药等农业生产资料的使用强度增加，因此，种植业的化石能源消耗量增加。就畜牧业而言，为满足消费需求获得最大利润，生产者会通过扩大畜禽的养殖规模和缩短畜禽生长周期来追求高产量和高产出，因此，畜禽粪便的排放量增加。此外，由于农业环境产权界定不清晰，以及农业生态系统无偿使用，劳动密集型农产品的出口规模增加引起的国内生产规模扩张，必然会加大农业生产的温室气体排放压力。如图3-4、图3-5所示，1991—2008年，在耕地面积没有显著增加的情况下，我国农作物的播种面积却呈现出上升趋势，从1991年的149 585.80千公顷增加到2008年的156 265.69千公顷，增幅达104.47%。另外，1991—2008年，农业生产要素的投入量也呈逐年递增的趋势。其中，化肥用量从1991年的2 805.10万吨增加到2008年的5 239.00万吨，增幅达186.77%；农药用量从1991年的76.09万吨增加到2008年的167.20万吨，增幅达219.74%；农膜用量从1991年的64.22万吨增加到2008年的200.70万吨，增长两倍多。

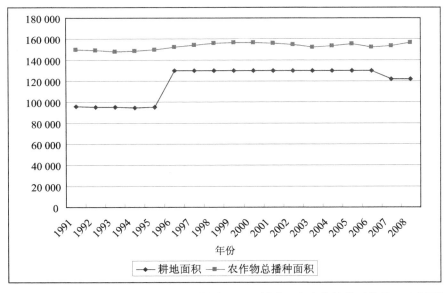

图3-4　1991—2008年中国农作物总播种面积和耕地面积变化趋势（单位：千公顷）

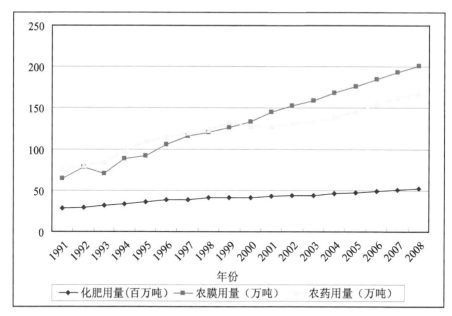

图3-5　1991—2008年中国化肥、农药、农膜使用量变化趋势

就中国农产品进口的规模效应而言，由于土地密集型农产品的国际市场价格较低，相对于国内生产成本，增加此类农产品的进口对我国更为有利，会诱发土地密集型农产品的进口规模扩张[①]。进口规模的扩张可以在一定程度上缓解国内土地密集型农产品生产规模扩张的压力，一方面有助于其生产规模的缩减，另一方面有助于降低其单位面积的要素投入强度，即降低单位面积的化肥、农药等生产要素的施用强度，从而减少农作物生长过程中化肥、农药等的施用总量，实现农业生产的化石能源消耗量以及施肥带来的土壤温室气体排放量的减少。因此，土地密集型农产品的进口可以实现其农业生产过程中的温室气体减排。

3.2.3　农产品对外贸易的技术效应

农产品对外贸易的技术效应是指对外贸易引起的先进农业生产技术的创新和传播，带来单位农产品农业生产温室气体排放强度的降低，从

---

① 1991—2008年，中国棉花、油菜籽、大豆等土地密集型农产品的进口量均大幅增加，参见1992年至2009年《中国对外经济贸易年鉴》和《中国商务年鉴》。

而减少农业生产过程中的温室气体排放量。农产品对外贸易引起的农业技术进步，促使单位面积的化肥、农药等生产要素施用强度降低，以及农业废弃物的利用效率提升，从而减少农业生产的温室气体排放量。

Hayami 等（1970）认为诱致性技术变迁表明技术进步能够降低对环境的破坏。Grossman 等（1997）也认为，经济发展增加环境压力，而技术效应可以减少环境压力。技术进步对环境的影响主要体现在两个方面：第一，新技术提高投入产出效率，即新技术或新方法的使用可以提高单位投入的农作物产出，从而使单位产出的环境污染量下降；第二，采用清洁技术，可以在农业生产过程中减少对环境的污染和破坏，从而达到保护环境的目的（代金贵，2009）。

就中国农产品对外贸易的技术效应而言，第一，开放的农产品对外贸易将提供更多的国际农业生产技术的交流机会，加快先进农业生产技术的传播速度；此外，随着对外贸易的日渐深入，关税或非关税壁垒不断减少，农业新技术的进口壁垒及进口成本会不断下降，有利于我国农业生产技术水平的提升，从而提高农业资源的利用效率。第二，随着科技的进步，各国消费者对"低碳""环保"农产品的需求不断增加，这就要求政府出台更高的环保标准，从而促使农业生产者对"低碳""环保"农业生产技术的需求不断增加，进而通过市场机制促进农业生产技术的不断创新。因此，农产品对外贸易可以在实现提高农业单产的同时，减少农业生产过程中化肥、农药等生产要素的不合理投入，提高农业生产要素的利用效率；还可以通过农业废弃物的循环利用，以有机肥替代化肥的方式，提高秸秆的资源化利用率，减少畜禽粪便的排放量。因此，农产品对外贸易引起的农业技术进步有利于中国农业生产的温室气体减排。

3.3 本章小结

本章比较全面、深入地阐述了本书的理论基础——比较优势理论和外部性理论；借鉴Steve等（2005）构建的生态环境演变的分析框架，基于影响农业生产温室气体排放的间接因素（农产品对外贸易），从结构效应、规模效应和技术效应三个方面，阐述了本书的研究思路和分析框架。

本书接下来的实证部分则紧扣以上研究思路和分析框架，分别从以下四个方面进行实证分析，以验证本书的研究假说和实现本书的研究目标。第一，厘清中国农产品进出口贸易的格局及结构变化。第二，基于农业生产温室气体排放量的测度模型，测算1991—2008年中国农业生产的温室气体排放量，并分析其演变趋势。第三，利用 Grossman 等（1991）提出的对外贸易的环境效应分解模型，分解中国进出口主要农产品的温室气体排放效应。第四，结合实际面板数据，借鉴 Grossman 和 Krueger（1995）提出的经济增长与环境关系的经典计量模型，引入农产品贸易开放度和农业环境变量，实证分析农产品贸易开放度对中国农业生产温室气体排放的影响。

4 中国农产品进出口贸易格局及结构演变

4.1 中国农产品进出口贸易基本特征

改革开放以来，中国率先对农业部门进行改革，推动了农业快速发展，而且随着对外开放步伐的加快以及各国贸易开放程度的不断加深，中国与世界的贸易联系日益密切。特别是2001年12月11日中国正式加入WTO以后，中国农产品的国内和国际市场整合程度进一步提升，农产品的进出口贸易也得到了快速发展。与此同时，中国农产品进出口贸易的格局及结构也发生了变化。

从表4-1中可以看出，1991—2008年中国农产品的进出口总额增长迅速，从1991年的160.80亿美元增加到2008年的992.10亿美元，年均增长率为11.30%。其中，农产品出口额从1991年的106.10亿美元增加到2008年的405.30亿美元，年均增长率为8.20%；农产品进口额从1991年的54.70亿美元增加到2008年的586.80亿美元，年均增长率为14.98%。中国成为继美国、欧盟、加拿大、巴西之后的世界第五大农产品出口国，以及除欧盟、美国、日本之外的第四大农产品进口国，在世界农产品市场上具有举足轻重的地位[①]。

在中国农产品进出口贸易取得飞速发展的同时，农产品对外贸易的格局发生着显著的变化。主要表现为：农产品对外贸易的波动幅度较大，特别是农产品进口贸易额的波动表现尤为突出；农产品进出口贸易

---

① 钟钰.中国农产品关税减让与进口的相互关系及经济影响[D].南京：南京农业大学，2007.

表 4-1　中国农产品进出口贸易概况

年份	中国出口贸易总额（亿美元）	农产品出口额（亿美元）	农产品出口额增长率	农产品出口占总出口比重	中国进口贸易总额（亿美元）	农产品进口额（亿美元）	农产品进口额增长率	农产品进口占总进口比重	农产品净出口额（亿美元）
1991	719.10	106.10	—	14.75%	637.90	54.70	—	8.58%	51.40
1992	849.40	114.00	7.45%	13.42%	805.90	57.30	4.75%	7.11%	56.70
1993	917.40	114.90	0.79%	12.52%	1 039.60	43.80	−23.56%	4.21%	71.10
1994	1 210.10	145.20	26.37%	12.00%	1 156.10	75.80	73.06%	6.56%	69.40
1995	1 487.80	144.60	−0.41%	9.72%	1 320.80	129.00	70.18%	9.77%	15.60
1996	1 510.50	146.60	1.38%	9.71%	1 388.30	116.00	−10.08%	8.36%	30.60
1997	1 827.90	151.40	3.27%	8.28%	1 423.70	108.00	−6.90%	7.59%	43.40
1998	1 837.10	139.40	−7.93%	7.59%	1 402.40	92.00	−14.81%	6.56%	47.40
1999	1 949.30	137.50	−1.36%	7.05%	1 657.00	95.30	3.59%	5.75%	42.20
2000	2 492.00	157.00	14.18%	6.30%	2 250.90	112.50	18.05%	5.00%	44.50
2001	2 661.00	160.70	2.36%	6.04%	2 435.50	118.40	5.24%	4.86%	42.30
2002	3 256.00	181.50	12.94%	5.57%	2 951.70	124.50	5.15%	4.22%	57.00
2003	4 382.30	214.30	18.07%	4.89%	4 127.60	189.30	52.05%	4.57%	25.00
2004	5 933.20	233.90	9.15%	3.94%	5 612.30	280.30	48.07%	4.99%	−46.40
2005	7 619.50	275.80	17.91%	3.62%	6 599.50	287.10	2.43%	4.35%	−11.30
2006	9 689.40	314.00	13.85%	3.24%	7 914.60	320.80	11.74%	4.05%	−6.80
2007	12 177.80	370.10	17.87%	3.04%	9 559.50	410.90	28.09%	4.30%	−40.80
2008	14 306.90	405.30	9.51%	2.83%	11 325.60	586.80	42.81%	5.18%	−181.50

　　资料来源：根据联合国统计司 COMTRADE 数据库和2009年《中国统计年鉴》计算。

在商品对外贸易中的地位不断下降，与工业品贸易相比，农产品对外贸易的创汇能力明显减弱，2004年以后中国农产品的进出口贸易出现明显的逆差，而且这一趋势日趋明显。

4.1.1 农产品进出口贸易额波动幅度较大

1991—2008年，受世界宏观经济形势和中国经济走向的影响，中国农产品进出口贸易波动幅度较大。1991—2008年，中国农产品出口额年增长率最高为26.37%，最大降幅为-7.93%，年均增长率为8.20%；中国农产品进口额年增长率最高为73.06%，最大降幅为-23.56%，年均增长率为14.98%（见表4-1）。另外，中国农产品进出口贸易的增速变化趋势也显示，中国农产品进口额波动幅度要远大于出口额（见图4-1）。由此可见，中国农产品对外贸易额的波动幅度较大，而且与农产品出口相比，中国农产品进口贸易额的波动要更为剧烈。

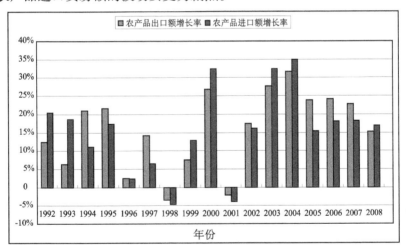

图4-1　中国农产品进出口贸易额增长速度比

（资料来源：联合国统计司COMTRADE数据库。）

究其原因在于：大宗农产品占中国全部进口农产品一半以上的份额，其剧烈起伏基本决定了全部农产品进口波动的形态（钟钰，2007）。大宗农产品中以棉花和小麦最为典型。就棉花而言，中国棉花主产区1992—1993年爆发大规模棉铃虫使产量骤减以及其他原因，导致随后几年进口量大增。1994—1998年，中国棉花进口量分别为52.60万吨、74.00万吨、6.50万吨、78.30万吨和20.90万吨，占当年世界棉花进口总量的8.70%、12.30%、1.00%、13.80%和3.80%。受1997—1998年国内库存增加的影响，1999—2000年，中国棉花进口仅为5.00万吨、4.70万吨[1]；相对于国内需求而言，2001—2005年，中国棉花生产增长缓慢。2001年棉花总产量为532.40万吨，2002和2003年连续减产，2004年虽升至632.40万吨，但是2005年再次减产到571.40万吨。因此，2001—2005年，中国又成为棉花净进口国，分别进口11.00万吨、20.80万吨、95.40万吨、近200.00万吨和265.40万吨[2]。而2007和2008年的棉花进口量却有所下降，分别下降到261.63万吨和218.93万吨[3]。这是由两个方面的因素共同导致的：第一，国内的棉花连续增产，供应增加；第二，受国际贸易环境、劳动力成本上升等因素影响，国内纺织业发展速度放缓，国内需求减少。以小麦为例[4]，中国是一个典型的小麦净进口国，1991—1996年小麦进口量为700.00万~1 300.00万吨；1997年之后由于中国粮食产量和质量不断提升，国内小麦价格较低，进口数量骤减；1997—2003年，中国每年小麦进口量在100.00万~280.00万吨；2004年开始，中国又恢复小麦的大量进口，以解决国内因小麦减产导致的供应不足，2004年进口量高达832.00万吨；此后，随着中国政府对农业生产补贴力度的加大，2005—2008年小麦进口量又逐渐缩减，维持在100.00万吨左右。

4.1.2 农产品进出口贸易在商品对外贸易中的地位不断下降

1991—2008年，虽然中国农产品对外贸易取得了快速发展，但是其在中国商品对外贸易中的地位不断降低，农产品进出口贸易额所占的份额均呈下降趋势（见图4-2）。1991—2008年，中国农产品进出口份额从1991年的11.85%下降到2008年的3.87%。其中，农产品出口占全国总出

---

[1] 谭砚文.中国棉花生产波动研究[D].武汉：华中农业大学，2004.
[2] 数据来源：2006年《中国农产品贸易发展报告》。
[3] 数据来源：2008年至2009年《中国农产品贸易发展报告》。
[4] FAO数据库。

口额的比重从1991年的14.75%下降到2008年的2.83%，进口份额从1991年的8.58%下降到2008年的5.18%，而且农产品出口份额下降的幅度要远大于农产品进口份额。此外，1991—2008年，中国农产品的净出口额也一直呈下降趋势，从1991年的51.40亿美元下降到2003年的25.00亿美元；2004年以后中国农产品的对外贸易甚至出现逆差现象，而且逆差趋势日益明显，从2004年的−46.40亿美元扩大到2008年的−181.50亿美元（见表4−1）。主要原因在于：中国劳动密集型农产品，如蔬菜、水产品和园艺类农产品的出口增速显著放缓，而国内对于食用油籽、棉花等土地密集型农产品的需求不断增加。

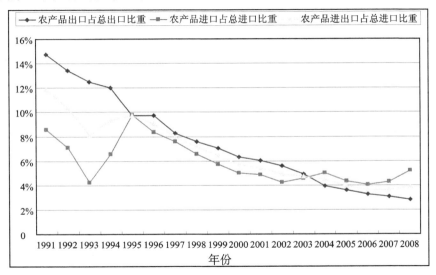

图4-2　中国农产品进出口贸易份额

（数据来源：联合国统计司COMTRADE数据库和2009年《中国统计年鉴》。）

4.2　中国农产品进出口贸易结构演变

20世纪90年代以来，除农产品的总体贸易格局发生显著变化以外，中国农产品的进出口贸易结构也存在着明显的变化。具体而言，主要表现在以下几个方面。

4.2.1 中国农产品进出口贸易的产品结构变化

为研究中国农产品贸易的结构特征，将农产品分为谷物、油籽类、蔬菜类等9类，选取1995—2008年的数据进行分析[①]。如表4-2和表4-3所示，中国农产品的出口以蔬菜类、水果类和水产品为主，1995—2008年，这三类农产品的出口贸易规模逐年递增。其中，蔬菜类净出口量从1995年的211.82万吨增加到2008年的809.56万吨，年均增长率为10.85%；水果类净出口量从1995年的47.20万吨增加到2008年的305.08万吨，年均增长率为15.44%；水产品净出口额从1995年的23.28亿美元增加到2008年的52.63亿美元，年均增长率为6.48%。主要原因在于：蔬菜、水果和水产品在生产过程中机械化作业程度不高，对劳动力的需求较大，属于劳动密集型农产品，而中国的劳动力资源丰富、劳动力成本较低，因此，这类农产品的出口具有比较优势，出口规模会不断增加，而且今后仍会呈现出口规模不断增长的趋势。

中国农产品的进口以棉花、油籽类和植物油类为主。1995—2008年，这三类农产品的净进口贸易规模逐年递增，棉花净进口量从1995年的97.37万吨增加到2008年的224.04万吨，年均增长率为6.26%；油籽类则由1995年的净出口演变为2008年的净进口，而且进口规模日益增加；植物油类净进口量从1995年的318.61万吨增加到2008年的848.03万吨，年均增长率为7.82%。主要原因在于：第一，棉花、油籽类和植物油类农产品属于土地密集型农产品，中国耕地资源相对稀缺，因此土地的使用成本较高，会降低此类农产品出口的国际竞争力；第二，中国政府在食用油籽和食用植物油对外贸易上实行了抑制出口和鼓励进口的政策，并采取了提高部分纺织品出口退税率、降低进口棉花滑准税等一些扶持纺织业发展的措施。未来，中国土地密集型产品的进口仍会呈现上升趋势，且棉花、油籽类农产品的净进口趋势尤为明显。

---

① 受数据制约，未列出1995年以前的农产品进出口贸易数据。但是，1995—2008年中国农产品进出口贸易数据足以反映其结构演变趋势和特征，后同。

表4-2 中国农产品进出口贸易结构变化（单位：亿美元）

年份	畜产品		水产品	
	出口	进口	出口	进口
1995	28.24	14.79	32.90	9.62
1996	28.56	14.14	30.33	12.06
1997	27.38	13.76	31.47	12.15
1998	24.57	13.31	28.25	10.26
1999	22.47	18.51	31.34	13.05
2000	25.90	26.53	38.24	18.48
2001	26.69	27.86	41.76	18.74
2002	25.70	28.77	46.81	22.76
2003	27.10	33.45	54.22	24.96
2004	31.89	40.29	69.54	32.39
2005	36.03	42.31	79.16	41.31
2006	37.25	45.56	93.66	43.05
2007	40.48	64.70	97.64	47.21
2008	44.14	77.27	106.78	54.15

数据来源：根据1995年至2008年《中国农产品贸易发展报告》整理。

表4-3 中国农产品进出口贸易结构变化（单位：万吨）

年份	谷物		油籽类		植物油类		棉花		食糖		蔬菜类		水果类	
	出口	进口	出口	进口	出口	进口	出口	进口	出口	进口	出口	进口	出口	进口
1995	64.87	2 040.35	106.88	41.70	54.97	373.58	2.97	100.34	48.04	295.43	214.22	2.40	70.65	23.45
1996	124.28	1 084.01	84.04	112.29	50.35	276.07	1.22	75.15	66.48	125.47	221.40	3.83	78.96	65.56
1997	834.80	416.97	56.04	296.95	86.06	285.79	0.70	84.88	37.86	78.32	221.33	5.54	98.09	77.05
1998	889.16	388.46	57.83	461.15	33.65	218.42	5.17	31.04	43.57	50.76	256.12	6.91	105.62	76.30
1999	738.15	340.08	85.22	694.19	12.58	223.09	24.43	16.39	36.74	41.67	283.59	9.19	118.93	69.30
2000	1 381.70	314.82	96.55	1 340.48	13.89	202.19	29.92	25.09	41.48	67.50	321.10	9.83	135.86	97.93
2001	877.05	344.40	115.69	1 570.78	15.90	200.98	6.09	19.71	19.56	119.89	394.98	10.04	148.54	93.01
2002	1 483.83	285.12	126.99	1 195.62	12.36	344.06	15.92	24.51	32.58	118.36	466.83	9.89	199.89	101.27
2003	2 201.53	208.68	130.65	2 099.83	8.16	574.54	11.74	107.52	10.31	77.58	552.15	9.58	266.95	109.50
2004	479.35	975.37	121.80	2 073.20	8.78	708.39	1.19	211.30	8.51	121.49	602.81	11.51	312.73	114.46
2005	1 017.65	627.73	142.19	2 705.84	24.83	662.34	0.86	274.66	35.83	139.13	681.57	10.69	365.07	122.23
2006	610.19	360.25	127.41	2 934.80	41.86	731.59	1.63	398.10	15.44	137.40	734.08	12.41	370.57	137.19
2007	985.90	155.74	131.90	3 193.27	18.44	897.99	2.45	274.21	11.05	119.37	819.11	10.72	477.68	145.49
2008	186.14	154.11	124.05	3 902.43	26.39	874.42	2.38	226.42	6.24	77.98	820.97	11.41	484.32	179.24

数据来源：根据1995年至2008年《中国农产品贸易发展报告》整理。

表4-4　中国农产品出口地区分布（单位：亿美元）

地区	年份													
	1995	1996	1997	1998	1999	2000	2001	2002	2003	2004	2005	2006	2007	2008
亚洲	93.71	94.65	100.07	89.64	85.32	99.53	86.38	97.19	111.55	110.79	179.37	191.00	220.25	224.95
亚洲占比	76.42%	75.66%	76.63%	74.13%	73.65%	74.66%	72.32%	71.96%	70.36%	68.03%	66.00%	61.56%	60.18%	55.98%
非洲	2.14	1.78	2.20	2.98	4.09	4.55	4.17	4.43	6.44	5.87	6.61	8.89	11.33	15.49
非洲占比	1.75%	1.42%	1.68%	2.46%	3.53%	3.41%	3.49%	3.28%	4.06%	3.60%	2.43%	2.87%	3.10%	3.85%
欧洲	19.96	20.72	19.20	18.84	16.44	17.37	18.38	20.54	24.37	26.01	44.97	55.26	70.08	82.96
欧洲占比	16.28%	16.56%	14.70%	15.58%	14.19%	13.03%	15.39%	15.21%	15.37%	15.97%	16.55%	17.81%	19.15%	20.64%
拉丁美洲	0.78	1.02	1.40	1.28	1.64	1.71	1.72	2.07	2.14	2.39	5.22	8.08	8.94	13.16
拉丁美洲占比	0.64%	0.82%	1.07%	1.06%	1.42%	1.28%	1.44%	1.53%	1.35%	1.47%	1.92%	2.60%	2.44%	3.27%
北美洲	5.34	6.23	6.88	7.31	7.44	9.21	7.72	9.47	12.02	15.50	32.20	42.27	49.39	57.73
北美洲占比	4.35%	4.98%	5.27%	6.05%	6.42%	6.91%	6.46%	7.01%	7.58%	9.52%	11.85%	13.62%	13.5%	14.37%
大洋洲	0.70	0.70	0.84	0.87	0.92	0.94	1.07	1.36	2.03	2.30	3.39	4.77	5.98	7.56
大洋洲占比	0.56%	0.56%	0.65%	0.72%	0.79%	0.71%	0.90%	1.01%	1.28%	1.41%	1.25%	1.54%	1.63%	1.89%
总计	122.63	125.10	130.59	120.92	115.85	133.31	119.44	135.06	158.55	162.86	271.76	310.27	365.97	401.85

数据来源：根据1995年至2009年《中国农业年鉴》整理。

4.2.2 中国农产品进出口贸易的市场分布变化

就农产品出口贸易的市场分布来看，如表4-4所示，亚洲一直是中国最主要的农产品出口市场。1995年，中国对亚洲的出口额占中国对世界总出口额的比重为76.42%，总金额为93.71亿美元。主要原因在于：中国出口的多为蔬菜、水产品和水果类农产品，这些农产品多为鲜活类农产品，保质期较短、不易储藏，只能选择就近销售。但是，近些年随着保鲜技术、仓储能力的提升，鲜活农产品的保质保鲜和远距离运输能力得到增强；同时，中国劳动力成本相对于亚洲其他国家而言呈上升趋势，这增加了中国劳动密集型农产品的生产成本，降低了中国农产品在亚洲市场的竞争力，从而使中国农产品的出口市场结构发生显著变化，呈现出多元化的趋势。2008年，中国对亚洲的出口额在中国对世界的总出口额中所占的比重降为55.98%，总金额为224.95亿美元。1995—2008年，虽然中国农产品对亚洲的出口金额从93.71亿美元增加到224.95亿美元，但是中国农产品对亚洲的出口份额却从76.42%下降到55.98%，下降了约二十个百分点。在此期间，出口份额排名第二、三位的欧洲和北美洲，中国农产品对其出口规模均呈递增趋势。其中，中国对欧洲的出口份额从1995年的16.28%增加到2008年的20.64%，增加了近五个百分点；中国对北美洲的出口份额从1995年的4.35%增加到2008年的14.37%，增加了约十个百分点。这些数据表明，中国农产品的出口对亚洲的依赖程度逐渐下降，农产品出口的市场集中度降低，中国农产品的出口市场结构更趋合理化和多元化。

从农产品进口贸易的市场分布来看，如表4-5所示，1995—2008年，除拉丁美洲以外，中国从其他各洲的进口占比变化不明显，中国农产品进口贸易市场的结构变化没有出口贸易市场的变化显著。在此期间，拉丁美洲进口份额从1995年的13.37%增加到2008年的33.39%，增加了约二十个百分点。主要原因在于：随着收入水平的提高，中国国内市场对畜产品的需求不断增加，推动了中国畜牧业的快速发展；对大豆等畜牧业的饲料需求增长迅速，使中国从巴西、阿根廷进口的大豆量逐年增长。

表4-5　中国农产品进口地区分布（单位：亿美元）

地区	年份													
	1995	1996	1997	1998	1999	2000	2001	2002	2003	2004	2005	2006	2007	2008
亚洲	26.57	21.50	19.62	18.30	16.83	17.36	18.98	21.81	33.43	47.87	56.46	79.22	100.92	124.25
亚洲占比	22.99%	21.04%	20.87%	23.92%	23.00%	17.38%	19.02%	21.39%	20.33%	19.32%	19.71%	24.77%	24.63%	21.31%
非洲	2.05	1.96	2.43	1.04	0.80	1.43	1.60	2.44	4.67	8.76	10.72	12.00	9.35	9.29
非洲占比	1.77%	1.92%	2.58%	1.36%	1.09%	1.43%	1.60%	2.39%	2.84%	3.54%	3.74%	3.75%	2.28%	1.59%
欧洲	16.28	8.99	9.93	8.85	11.32	12.59	9.52	8.48	11.67	14.42	33.79	36.68	44.95	53.11
欧洲占比	14.09%	8.80%	10.56%	11.57%	15.47%	12.61%	9.54%	8.32%	7.10%	5.82%	11.80%	11.47%	10.97%	9.11%
拉丁美洲	15.45	19.66	21.74	15.18	11.57	20.04	20.10	21.91	45.47	58.73	75.31	76.82	115.42	194.70
拉丁美洲占比	13.37%	19.24%	23.12%	19.84%	15.81%	20.07%	20.14%	21.49%	27.65%	23.70%	26.29%	24.02%	28.17%	33.39%
北美洲	45.10	33.30	27.86	24.18	21.61	31.96	33.12	29.65	52.29	86.75	78.95	84.21	104.10	162.01
北美洲占比	39.03%	32.59%	29.63%	31.61%	29.54%	32.00%	33.18%	29.08%	31.80%	35.01%	27.56%	26.34%	25.41%	27.78%
大洋洲	10.10	16.77	12.44	8.95	11.03	16.49	16.49	17.67	16.91	31.24	31.19	30.83	34.96	39.73
大洋洲占比	8.74%	16.41%	13.23%	11.70%	15.08%	16.51%	16.52%	17.33%	10.28%	12.61%	10.89%	9.64%	8.53%	6.81%
总计	115.55	102.18	94.02	76.50	73.16	99.87	99.81	101.96	164.44	247.77	286.42	319.76	409.70	583.09

数据来源：根据1995年至2009年《中国农业年鉴》整理。

1995—2008年，中国从巴西进口的大豆量从1995年的0.70万吨激增到2008年的116.53万吨，从阿根廷进口的大豆量从1995年的0.94万吨激增到2008年的98.48万吨[①]。此外，由于国内棉纺织业的快速发展等原因，中国对棉花的需求不断增加，而国内供应不足，这使中国从美国大量进

①数据来源：联合国统计司COMTRADE数据库。

口棉花。1995—2008 年，中国从美国进口的棉花量从 1995 年的 4.97 万吨增加到 9.88 万吨，增加了近一倍①。通过对中国进口市场结构的进一步分析可以发现，中国农产品进口的地域限制较小，农产品的进口多依赖北美洲和拉丁美洲地区，亚洲地区并不是中国主要的农产品进口市场。主要原因在于：第一，中国进口的农产品品种多为大豆、棉花等大宗农产品，均为土地密集型农产品，中国在这类农产品的生产上具有比较劣势，农产品的生产成本较高，国际竞争力较弱，亚洲其他国家亦是如此，而美国等北美国家和巴西等拉丁美洲国家土地资源丰富，在这类农产品的生产上则具有比较优势，农产品的生产成本较低，国际竞争力较强；第二，不同于蔬菜、水产品等农产品，大豆、棉花等大宗农产品具有易储藏、不易变质等特性，便于进行远距离、长时间运输，因此，这类农产品的国际贸易受地域限制较小。

综上所述，20 世纪 90 年代以来，特别是亚洲金融危机以来，中国农产品出口市场正逐渐由亚洲地区向欧美等地区转移；进口市场则降低对北美地区的依赖程度，扩大对其他地区的进口份额。因此，1995—2008 年，中国农产品的进出口市场集中度不断降低，农产品的进出口市场分布日趋合理化和多元化。

4.2.3 中国农产品进出口贸易的国内地区分布变化

如表 4-6 和表 4-7 所示，总体而言，中国农产品进出口贸易的区域集中度较高，前十位的省份进出口份额均在 70.00% 以上（四川省 1997 年及以后数据中含重庆市数据，因此实际上是 11 个省份，为行文方便，仍表述为"十省"）。其中，农产品进口贸易的区域集中度要高于农产品出口贸易，进口前十位的省份进口份额均在 85.00% 以上。另外，1994—2008 年，中国农产品进出口贸易的区域集中度呈逐年递增趋势，前十位的省份出口份额从 1994 年的 71.84% 增加到 2008 年的 77.06%，进口份额从 1994 年的 85.26% 增加到 2008 年的 90.37%。

---

① 数据来源：联合国统计司 COMTRADE 数据库。

表4-6 中国农产品主要出口省份（单位：亿美元）

排序	年份							
	1994	1996	1998	2000	2002	2004	2006	2008
1	广东	广东	广东	山东	山东	山东	山东	山东
	24.73	22.98	20.83	20.71	24.62	34.35	80.92	99.66
2	山东	山东	北京	广东	广东	广东	广东	广东
	11.92	13.63	19.28	20.36	19.30	22.68	38.50	46.27
3	吉林	福建	山东	福建	吉林	浙江	浙江	浙江
	10.99	13.61	13.80	11.53	10.09	12.52	26.84	33.53
4	辽宁	北京	福建	浙江	浙江	福建	辽宁	辽宁
	7.82	10.32	10.38	10.07	9.21	9.36	24.15	33.51
5	福建	上海	浙江	北京	辽宁	北京	福建	福建
	7.45	7.43	7.25	8.38	7.45	8.26	24.11	30.34
6	浙江	浙江	辽宁	辽宁	福建	辽宁	江苏	江苏
	5.94	6.83	6.15	7.97	7.30	8.20	13.82	19.78
7	上海	辽宁	上海	江苏	北京	江苏	北京	北京
	5.85	6.72	5.45	6.11	7.23	7.77	12.84	13.17
8	黑龙江	江苏	江苏	上海	江苏	上海	上海	上海
	5.44	6.43	5.39	5.65	5.79	6.78	10.57	12.82
9	江苏	云南	云南	吉林	上海	河北	河北	吉林
	5.01	3.82	3.57	5.32	5.63	6.23	8.40	10.59
10	云南	四川	河北	河北	河北	四川	吉林	河北
	4.49	3.68	2.95	4.39	4.81	5.31	8.02	10.00
全国总计	124.77	125.07	120.87	133.31	135.07	162.85	310.27	401.86
十省份占全国比重	71.84%	76.32%	78.64%	75.38%	75.09%	74.58%	79.99%	77.06%

数据来源：根据1995年至2009年《中国农业年鉴》整理。

表4-7　中国农产品主要进口省份（单位：亿美元）

排序	年份							
	1994	1996	1998	2000	2002	2004	2006	2008
1	广东	北京	北京	北京	广东	北京	山东	北京
	16.77	42.58	22.85	26.30	24.23	57.76	60.16	94.89
2	北京	广东	广东	广东	北京	广东	广东	山东
	8.68	17.05	15.94	21.60	18.03	42.74	47.44	88.26
3	上海	山东	上海	上海	江苏	山东	北京	广东
	5.18	7.44	6.54	9.66	11.16	31.20	43.25	82.69
4	江苏	福建	山东	山东	山东	江苏	江苏	上海
	5.02	6.15	5.86	7.95	10.27	27.69	39.16	69.88
5	广西	上海	江苏	浙江	上海	上海	上海	江苏
	4.43	5.24	4.80	6.91	9.86	21.57	33.23	60.97
6	山东	江苏	福建	江苏	浙江	浙江	浙江	浙江
	4.22	5.00	2.88	6.01	5.80	12.29	17.75	35.21
7	福建	天津	天津	辽宁	辽宁	天津	天津	天津
	3.38	3.05	2.78	5.22	4.45	8.99	13.70	29.52
8	辽宁	辽宁	浙江	河北	河北	辽宁	辽宁	福建
	2.79	2.81	2.66	3.62	3.65	8.49	13.37	24.26
9	浙江	浙江	辽宁	福建	天津	福建	福建	河北
	2.79	2.18	2.38	2.67	3.46	7.46	12.78	21.63
10	天津	海南	河北	天津	广西	河北	广西	辽宁
	2.74	2.03	2.35	2.47	2.99	6.13	9.42	19.73
全国总计	65.68	102.19	76.45	99.87	101.96	247.78	319.81	583.18
十省份占全国比重	85.26%	91.53%	90.31%	92.53%	92.09%	90.53%	90.76%	90.37%

数据来源：根据1995年至2009年《中国农业年鉴》整理。

具体而言，从表4-6中可以看出，中国农产品的出口以东部沿海和中部地区为主，广东、山东、浙江、福建和上海等一直是中国农产品的主要出口省份，它们的出口金额分别从1994年的24.73亿美元（占19.82%）、11.92亿美元（占9.55%）、5.94亿美元（占4.76%）、7.45亿美元（占5.97%）和5.85亿美元（占4.69%）增加到2008年的46.27亿美元（占11.51%）、99.66亿美元（占24.80%）、33.53亿美元（占8.34%）、30.34亿美元（占7.55%）和12.82亿美元（占3.19%）。另外，从主要出口省份的出口额排名来看，中国农产品的出口贸易呈现出向东部沿海地区集中的趋势。主要原因在于：中国出口的农产品以水产品、蔬菜和水果类为主，而此类农产品的产地主要集中在山东、广东、浙江、福建、上海等地，因此这些地区农产品的出口份额较高，而且随着贸易开放程度的不断提升、中国劳动密集型农产品生产比较优势的不断发挥，未来这些地区农产品的出口份额还会呈现上升趋势。

从表4-7中可以看出，中国农产品的进口也多集中在东部地区，以经济发达省份为主，如广东、山东、北京、浙江、江苏和上海等，它们的进口金额分别从1994年的16.77亿美元（占25.53%）、4.22亿美元（占6.43%）、8.68亿美元（占13.22%）、2.79亿美元（占4.25%）、5.02亿美元（占7.64%）和5.18亿美元（占7.89%）激增到2008年的82.69亿美元（占14.18%）、88.26亿美元（占15.13%）、94.89亿美元（占16.27%）、35.21亿美元（占6.04%）、60.97亿美元（占10.45%）和69.88亿美元（11.98%）。这可能是因为：东部地区靠近海外市场，便于运输，进口农产品较便利，而且东部地区经济发达，农产品的需求量较大，农产品加工业发达，便于一些农产品的加工，从而促使其商品化，提升其附加值。

4.2.4 中国农产品进出口贸易的主体结构变迁

随着改革开放的不断深入以及1994年《中华人民共和国对外贸易法》的颁布和实施，中国逐步放松了对农产品进出口贸易的管制，中国国有企业在农产品进出口贸易的垄断地位正逐渐被削弱，外资企业和集体、个人企业在中国农产品进出口贸易中所占的份额逐渐增加，在中国农产品对外贸易的舞台上扮演着日益重要的角色。

如表4-8所示，就中国农产品出口贸易而言，1994—2003年，中国国有企业出口贸易份额从1994年的84.15%（104.99亿美元）下降到2003年的48.67%（77.71亿美元），下降了35.48%；同期的外资企业（中外合作企业、中外合资企业和外商独资企业）、集体企业和个体企业的出口份额均显著增长，外资企业的出口贸易份额从1994年的13.93%（17.38亿美元）增加到2003年的34.70%（55.42亿美元），集体企业出口贸易份额从1994年的0.34%（0.43亿美元）增加到2003年的5.75%（9.18亿美元），个体企业的出口贸易份额从1994年的0.001 2%（0.001 5亿美元）增加到2003年的10.87%（17.36亿美元），而且今后这一趋势还会继续。外资企业、集体企业和个体企业在中国农产品出口贸易中的作用逐渐增强，中国农产品出口贸易对国有企业的依赖程度不断降低，其主体结构正逐渐呈现出多元化的格局。

与中国农产品出口贸易相似，1994—2003年，中国农产品进口贸易的主体结构也发生了显著的变化。如表4-9所示，中国国有企业的垄断地位不断下降，进口份额也呈不断下降的趋势，从1994年的69.09%（45.39亿美元）下降到2003年的40.14%（66.11亿美元），下降了28.95%；而外资企业（中外合作企业、中外合资企业和外商独资企业）的进口份额则从1994年的27.78%（18.25亿美元）增加到2003年的37.68%（62.05亿美元），集体企业的进口份额从1994年的0.56%（0.37亿美元）增加到2003年的8.62%（14.19亿美元），个体企业的进口份额从1994年的0.07%（0.05亿美元）增加到2003年的13.51%（22.25亿美元）。数据表明，中国农产品进出口贸易主体结构的变化趋势趋同，即国有企业所占份额逐渐下降，而外资企业、集体企业和个体企业所占份额逐渐增加，中国农产品进出口贸易的主体结构向多元化转变，日趋合理。

表4-8 中国农产品各出口主体所占份额

主体	年份									
	1994	1995	1996	1997	1998	1999	2000	2001	2002	2003
国有企业	84.15%	82.07%	71.66%	70.35%	70.03%	66.75%	65.35%	58.07%	53.08%	48.67%
中外合作企业	1.04%	0.95%	1.84%	1.80%	1.94%	1.72%	1.48%	3.72%	3.85%	2.97%
中外合资企业	10.93%	11.48%	17.33%	17.9%	16.21%	16.26%	15.81%	18.44%	17.77%	17.38%
外商独资企业	1.96%	2.71%	5.41%	5.88%	7.14%	8.90%	9.79%	12.30%	13.85%	14.35%
集体企业	0.34%	0.93%	1.49%	1.94%	2.33%	3.30%	4.05%	4.68%	5.58%	5.75%
个体企业	0.0012%	0.0017%	0.15%	0.09%	0.16%	0.43%	1.13%	2.35%	5.86%	10.87%
其他企业	1.58%	1.86%	2.12%	2.04%	2.19%	2.64%	2.39%	0.44%	0.01%	0.01%

资料来源：根据1995年至2004年《中国农业年鉴》整理。

注：由于统计数据缺失，未能给出2004年以后的贸易主体变迁情况，但2004年之前的数据仍可以反映出变迁的趋势。下同。

表4-9 中国农产品各进口主体所占份额

主体	年份									
	1994	1995	1996	1997	1998	1999	2000	2001	2002	2003
国有企业	69.09%	71.73%	67.92%	59.33%	62.46%	64.65%	65.38%	58.53%	45.17%	40.14%
中外合作企业	3.30%	2.01%	2.48%	3.05%	3.06%	2.48%	1.86%	2.37%	1.95%	2.22%
中外合资企业	20.69%	18.35%	20.75%	25.97%	22.30%	18.08%	17.79%	17.85%	22.60%	20.09%
外商独资企业	3.79%	4.29%	5.90%	8.08%	9.44%	9.82%	9.06%	10.52%	14.69%	15.37%
集体企业	0.56%	1.11%	2.09%	2.85%	2.12%	3.91%	4.69%	6.15%	6.33%	8.62%
个体企业	0.07%	0.29%	0.07%	0.04%	0.12%	0.50%	1.06%	4.34%	9.10%	13.51%
其他企业	2.50%	2.22%	0.79%	0.68%	0.50%	0.56%	0.16%	0.24%	0.16%	0.05%

资料来源：根据1995年至2004年《中国农业年鉴》整理。

4.3 中国农产品进出口贸易与比较优势

为验证中国农产品进出口贸易是否符合比较优势原则，按照Huang等（1999）的标准将农产品分为土地密集型农产品和劳动密集型农产品[①]。

如图4-3所示，1992年以来，中国农产品的出口额呈现出逐年递增的趋势。就出口结构而言，土地密集型农产品的出口额增长缓慢、变化趋势不大，中国土地密集型农产品的出口额从1992年的27.99亿美元增加到2008年的39.97亿美元，出口份额从1992年的24.55%下降到9.86%；而劳动密集型农产品的出口额则增长迅速，从1992年的86.01亿美元激增到2008年的365.33亿美元，出口份额则从1992年的75.45%增加到2008年的90.14%。数据表明，中国农产品的出口以劳动密集型农产品为主，而且

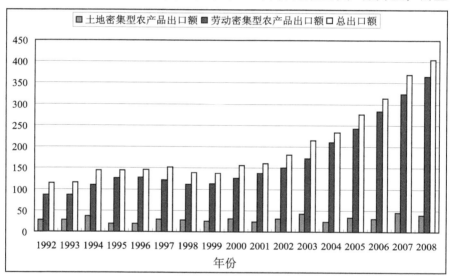

图4-3 中国农产品出口与比较优势（单位：亿美元）

（数据来源：联合国COMTRADE数据库。）

---

① 土地密集型农产品包括：谷物、植物油籽、食用植物油、烟草、棉花及其他植物纤维。劳动密集型农产品包括：鲜活动物、乳制品、蜂蜜及其他动物性产品、鳞茎块根、切花、观赏植物、蔬菜、水果、咖啡、茶叶及调味品、制糖生产品、麦芽、淀粉及小麦面筋、工业药用植物、稻秆及草料、胶、树脂及其他植物汁液、植物编制材料、动物脂肪、动物蜡（Huang等，1999）。

这种趋势将一直持续。原因在于：相对于土地资源，中国劳动力资源丰富，劳动力相对价格较低，因此劳动密集型农产品的生产成本较低，出口竞争力较强。

如图4-4所示，20世纪90年代以来，由于国内经济的发展，居民收入水平不断提高，对农产品的需求不断增加，使中国农产品的进口也呈现出逐年递增的趋势。进一步分析可以发现，中国农产品的进口贸易以土地密集型农产品为主、以劳动密集型农产品为辅，而且加入WTO以来，随着贸易开放度的不断提高，中国土地密集型农产品的进口额远大于劳动密集型农产品。1992—2008年，土地密集型农产品的进口额从1992年的28.59亿美元激增到2008年的391.60亿美元，进口份额从1992年的49.90%增加到2008年的66.74%；而劳动密集型农产品的进口额仅从1992年的28.71亿美元增加到2008年的195.20亿美元，进口份额则从1992年的50.10%下降到2008年的35.26%。

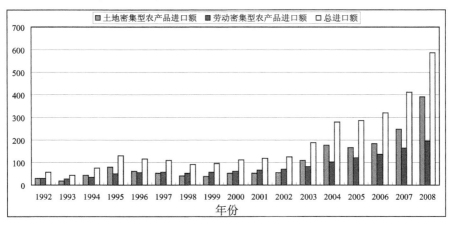

图4-4　中国农产品进口与比较优势（单位：亿美元）

（数据来源：联合国COMTRADE数据库。）

总体而言，从中国农产品的进出口贸易可以看出，随着贸易开放程度的不断提高，中国农产品的进出口逐渐呈现出进口以土地密集型农产品为主、出口以劳动密集型农产品为主的格局，而且未来这一趋势仍将持续。中国土地资源稀缺，劳动力资源相对充裕，根据比较优势理论，土地的相对价格要高于劳动力，即农业生产过程中土地密集型农产品的生产成本相对较高，劳动密集型农产品的生产成本相对较低。因此，中国土地密集型农产品的生产具有比较劣势，而劳动密集型农产品的生产具有比较优势，应增加劳动密集型农产品的生产和土地密集型农产品的进口。从1992至2008年农产品进出口贸易结构演变趋势来看，中国农产品的对外贸易基本符合本国自身的资源禀赋条件。

4.4　本章小结

20世纪90年代以来，中国农产品进出口贸易格局发生了显著变化，农产品对外贸易的波动幅度较大，特别是农产品进口贸易额的波动表现得尤为突出；农产品进出口贸易在商品对外贸易中的地位不断下降，农产品对外贸易的创汇能力明显减弱；2004年以后中国农产品进出口贸易出现逆差，而且这一趋势日益明显。此外，中国农产品进出口贸易结构也发生了明显变化，主要表现为：中国农产品对外贸易的产品结构中，出口贸易以蔬菜、水果等农产品为主；进口贸易则以棉花、大豆等农产品为主。中国农产品出口市场正逐渐由亚洲地区向欧美等地区转移；进口市场则降低对北美地区的依赖程度，扩大对其他地区的进口份额；中国农产品的进出口市场集中度不断降低，农产品的进出口市场分布日趋合理化和多元化。中国农产品进出口贸易的区域集中度较高，其中，农产品进口贸易的区域集中度要高于农产品出口贸易。中国农产品进出口贸易主体结构的变化表现为国有企业所占份额逐渐下降，而外资企业、集体企业和个体企业所占份额逐渐增加，中国农产品进出口贸易的主体结构向多元化转变，日趋合理。随着贸易自由化程度的不断提高，中国农产品的进出口贸易逐渐呈现出进口贸易以土地密集型农产品为主、出口贸易以劳动密集型农产品为主的格局，而且未来这一趋势仍将持续。

在厘清了中国农产品进出口贸易格局和结构演变之后，接下来需要测算1991—2008年中国农业生产的温室气体排放量。这两部分内容为定量测算中国主要进出口农产品的温室气体排放效应，以及农产品贸易开放度对中国农业生产温室气体排放的影响提供基础数据和现实佐证。

5 中国农业生产温室气体排放量的测算

5.1 农业生产温室气体排放量测算的研究概况

农业是涉及民生的重要产业，同时也是碳排放的大户之一。据粮农组织 2006 年的估计，仅种植和养殖两个环节，种植业中耕地释放的温室气体已超过全球人为温室气体排放总量的 30.00%，农业养殖所带来的温室气体排放占全球总排放量的比重已达到 18.00%；而世界观察研究所在 2009 年刊登于《世界观察》的《牲畜与气候变化》一文中指出，牲畜及其副产品实际上至少排放了 325.64 亿吨 CO_2 当量的温室气体，占世界总排放量的 51.00%，远远超过粮农组织先前估计的 18.00%（Robert Goodland et al.，2009）。因此，农业生产的温室气体排放日益受到社会各界的关注，国内外许多学者对中国农业生产的温室气体排放量进行了测算。

关于畜牧业中的温室气体排放，董红敏等（1995）采用 OECD 的测算方法对 1980 年、1985 年、1990 年中国反刍类动物 CH_4 排放量进行了估算。粮农组织利用 IPCC 的方法和系数，估算了中国 2004 年主要畜禽的温室气体排放量（FAO，2006）。Yang 等（2003）估算了 1991—2000 年台湾省家畜饲养部门的温室气体排放量，结果表明：CH_4 排放总量先从 1990 年的 8.80 吨增加到 1996 年的 11.23 吨，而后下降到 2000 年的 9.12 吨；N_2O 排放总量先从 1990 年的 1.89 吨增加到 1996 年的 2.43 吨，此后下降到 2000 年的 2.30 吨。Zhou 等（2007）测算了中国 1949—2003 年畜禽的温室气体排放量，测算结果表明：1949—2003 年，中国畜禽的温室气体排放总量从 1949 年的 82.01 万吨 CO_2 当量增加到 2003 年的 309.76 万吨 CO_2 当量。胡向东等（2010）估算了中国2000—2007年以及各省份2007年畜禽温室气体的排放量。

关于种植业中的温室气体排放，董红敏等（2008）估算中国农业活动的CH_4排放量为1 719.60万吨，占全国CH_4排放总量的50.15%。王智平（1997）利用1993年数据，估算中国农田N_2O排放总量为18.06万吨/年，本底排放、施肥释放和淋溶排放分别占总排放量的40.10%、33.70%和26.20%。王少彬等（1993）采用IPCC推荐的方法，估算中国1990年耕地中旱地的N_2O本底排放为6.30万吨/年，肥料释放为2.32万吨/年，肥料淋溶排放为2.50万吨/年。85-913-04-05攻关课题组（1993）估算中国1990年施肥引起的N_2O排放为2.12万吨/年。王明星等（1998）利用相关模型计算出了各地区稻田CH_4排放因子及稻田CH_4排放量，并根据统计年鉴及相关数据，估算中国稻田CH_4的排放总量为9.67万吨~12.66万吨/年。

以上研究取得了丰硕的成果，为后人提供了重要的参考数据和研究方法。本书借鉴前人的研究成果，测算1991—2008年中国及各省份农业生产的温室气体年排放量，分析中国农业生产的温室气体排放的演变趋势，从而为把握中国温室气体排放结构提供基础数据，为制定相关环境政策提供理论依据。

本章首先简要介绍1991—2008年我国农业生产规模的概况及演变趋势；其次，构建农业生产的温室气体排放量的测算模型；再次，利用此模型测算出1991—2008年中国农业生产的温室气体排放总量，以及各省份农业生产的温室气体排放量；最后，厘清中国农业生产温室气体排放的时空特征及变化趋势，找出未来农业生产的温室气体减排的重点区域。

5.2　中国农业生产规模的发展概况及演变趋势

5.2.1　中国主要农作物品种播种面积的变化趋势

从表5-1中可以看出，1991—2008年中国小麦和水稻播种面积呈下降趋势。水稻从1991年的32 590.10千公顷下降到2008年的29 240.40千公顷，减少了3 349.70千公顷；小麦播种面积从1991年的30 948.10千公顷下降到2008年的23 617.20千公顷，减少了7 330.90千公顷。玉米、大豆播种面积虽有增加，但变化不明显，而具有比较优势的劳动密集型农产品的播种面积增长较快，如蔬菜从1991年的6 546.50千公顷增加到17 875.94千公顷，增加了11 329.44千公顷。

表5-1 1991—2008年中国主要农作物品种播种面积（单位：千公顷）

年份	水稻	小麦	玉米	大豆	蔬菜	花生	棉花	甘蔗
1991	32 590.10	30 948.10	21 574.27	7 041.00	6 546.50	2 879.90	6 538.50	1 164.00
1992	32 090.20	30 898.30	21 034.50	7 220.90	7 030.40	2 975.90	6 835.00	1 246.00
1993	30 355.30	30 234.60	20 694.10	9 454.10	8 083.70	3 379.40	4 985.40	1 088.00
1994	30 171.50	28 980.70	21 152.30	9 221.90	8 920.70	3 775.70	5 528.00	1 057.00
1995	30 744.88	28 860.00	22 775.90	8 126.52	9 507.70	3 809.40	5 421.60	1 125.00
1996	31 406.13	29 610.50	24 498.30	7 470.73	10 491.00	3 615.70	4 722.20	1 207.00
1997	31 765.19	30 057.08	23 775.18	8 346.25	11 288.00	3 721.60	4 491.36	1 311.49
1998	31 213.98	29 775.14	25 239.00	8 500.17	12 291.00	4 039.12	4 459.42	1 401.15
1999	31 283.56	28 854.26	25 903.94	7 961.66	13 347.00	4 268.20	3 725.60	1 302.84
2000	29 961.89	26 653.29	23 056.27	9 306.76	15 237.00	4 855.50	4 041.20	1 185.00
2001	28 623.02	25 280.85	24 282.20	9 481.80	16 403.00	4 991.30	4 809.80	1 248.04
2002	28 201.30	23 908.40	24 633.90	8 719.50	17 353.00	4 920.60	4 184.20	1 393.47
2003	26 507.90	21 997.10	24 068.20	9 312.80	17 954.00	5 056.80	5 110.53	1 409.42
2004	28 378.70	21 626.20	25 446.00	9 591.00	17 561.00	4 745.11	5 692.87	1 378.08
2005	28 847.40	22 792.40	26 358.10	9 590.90	17 721.00	4 662.25	5 061.81	1 354.35
2006	29 294.80	22 961.60	26 970.80	9 280.10	18 217.00	3 960.06	5 815.67	1 378.17
2007	28 919.10	23 720.80	29 477.60	8 754.00	17 329.00	3 944.85	5 926.12	1 585.76
2008	29 240.40	23 617.20	29 863.80	9 126.90	17 875.94	4 245.81	5 754.14	1 743.48

数据来源：根据1992年至2009年《中国统计年鉴》和《中国农业统计资料》整理。

5.2.2　中国主要畜禽品种饲养规模的变化趋势

改革开放以来，随着中国农村经济体制改革的推进，特别是畜禽养殖业经济体制改革政策和措施的实施，作为中国农业产业体系重要组成部分的畜牧业得到了迅速发展，集约化水平不断提高[①]。

如表5-2所示，1991—2008年中国畜牧业实现了快速发展，生猪、家禽等主要畜禽品种的出栏量呈不断上升趋势。生猪出栏量从1991年的32 897.10万头增加到2008年的61 016.60万头，翻了近一番；家禽出栏量从1991年的282 357.50万只增加到1 022 155.70万只，增长了近3倍；牛羊的年末存栏量也均有所增加。

1991—2008年，中国农业生产结构的变化与国内农业资源的禀赋状况基本相符。目前，相对于其他农产品出口国而言，中国土地资源比较缺乏，而劳动力资源相对丰裕，因此，中国劳动密集型农产品（蔬菜、肉类等）出口具有明显的比较优势，这就会增加其国内生产规模和农产品产量。但是，在劳动密集型农产品的生产规模和产量不断提升的情形下，中国农业生产的温室气体排放压力可能会增大。

表5-2　1991—2008年中国主要畜禽品种饲养情况

年份	生猪出栏量（万头）	家禽出栏量（万只）	牛存栏量（万头）	羊存栏量（万头）
1991	32 897.10	282 357.50	10 459.20	20 621.00
1992	35 169.70	319 254.30	10 764.20	20 732.90
1993	37 824.30	397 820.00	11 268.70	21 737.30
1994	42 103.22	512 823.23	11 906.23	24 052.80
1995	48 049.10	630 213.10	12 706.10	27 685.70
1996	52 663.40	718 906.20	13 535.09	30 337.30

[①] 张晖.中国畜牧业面源污染研究[D].南京：南京农业大学，2010.

年份	生猪出栏量（万头）	家禽出栏量（万只）	牛存栏量（万头）	羊存栏量（万头）
1997	45 077.20	765 865.30	11 684.70	25 556.00
1998	50 215.20	684 378.70	12 435.40	26 903.50
1999	51 977.20	743 165.10	12 698.01	27 926.00
2000	52 673.30	809 857.10	12 421.00	29 031.90
2001	54 936.80	808 834.80	12 364.30	29 826.50
2002	56 684.00	832 894.10	12 824.50	31 655.20
2003	59 200.49	888 587.76	13 076.40	33 893.90
2004	61 800.70	907 021.77	13 481.20	36 639.10
2005	66 098.60	986 491.81	13 449.40	37 265.90
2006	68 050.36	1 017 592.86	13 396.10	36 896.60
2007	56 508.27	957 867.04	10 594.80	28 564.70
2008	61 016.60	1 022 155.70	10 576.00	28 084.90

数据来源：根据1992年至2009年《中国统计年鉴》、《中国农业统计资料》、《中国农业年鉴》和《中国畜牧业年鉴》整理。

5.3 中国农业生产温室气体排放量的测算模型

5.3.1 种植业农业生产过程中温室气体排放量的测算模型

$$CH_{4crop} = \sum_{i=1}^{n} s_i \times \alpha_i \tag{5-1}$$

式中，CH_{4crop} 为农作物 CH_4 年排放总量；s_i 为第 i 种农作物的年播种面积，α_i 为第 i 种农作物单位面积的 CH_4 排放系数。

$$N_2O_{crop} = \sum_{i=1}^{n}(S_i \times \beta_i + Q_i \times \gamma_i) \qquad (5-2)$$

式中，N_2O_{crop} 为农作物 N_2O 年排放总量；s_i 为第 i 种农作物的年播种面积；β_i 为第 i 种农作物的单位面积本底 N_2O 年排放通量；Q_i 为第 i 种农作物化肥年施用总量；γ_i 为第 i 种农作物氮肥 N_2O 排放系数。

$$CO_{2crop} = \sum_{i=1}^{n}T_i \times \chi_i \qquad (5-3)$$

式中，CO_{2crop} 为农作物 CO_2 年排放总量；T_i 为农作物生长过程中 CO_2 排放源的数量；χ_i 为农作物生长过程中各排放源 CO_2 排放系数。

5.3.2 畜禽养殖过程中温室气体排放量的测算模型

$$CH_{4live} = \sum_{i=1}^{n}N_i \times \delta_i \qquad (5-4)$$

式中，CH_{4live} 为畜禽养殖过程中 CH_4 年排放总量；N_i 为第 i 种畜禽年平均饲养量；δ_i 为第 i 种畜禽 CH_4 排放系数。

$$N_2O_{live} = \sum_{i=1}^{n}N_i \times \phi_i \qquad (5-5)$$

式中，N_2O_{live} 为畜禽养殖过程中 N_2O 年排放总量；N_i 为第 i 种畜禽年平均饲养量；ϕ_i 为第 i 种畜禽 N_2O 排放系数。

由于畜禽饲养周期不同，有必要对畜禽年平均饲养量进行调整，调整的方法主要参考胡向东等（2010），即调整的依据是畜禽出栏率。中国出栏率大于 1 的畜禽品种为生猪、兔和家禽，它们的平均生命周期分别为 200 天、105 天（胡向东 等，2010）和 55 天（刘培芳 等，2002）。

当出栏率大于或等于 1 时，畜禽的平均饲养量根据出栏量进行调整，即：

$$N_i = Days\_alive_i \times \frac{M_i}{365} \qquad (5-6)$$

式中，N_i 为第 i 种畜禽年平均饲养量；$Days\_alive_i$ 为第 i 种畜禽平均生命周期；M_i 为第 i 种畜禽年生产量（出栏量）（IPCC，2006）。

当出栏率小于1时，畜禽的年平均饲养量根据年末存栏量进行调整，即：

$$N_i = (C_{it} + C_{i(t-1)})/2 \qquad\qquad (5\text{-}7)$$

式中，N_i 为第 i 种畜禽年平均饲养量；C_{it}、$C_{i(t-1)}$ 分别表示第 i 种畜禽的第 t 年、第 t-1 年年末存栏量。

5.3.3　温室气体排放量的主要计算参数

5.3.3.1　主要估计品种

本书估算的种植业品种有：水稻（早稻、中稻和晚稻）、小麦（春小麦、冬小麦）、玉米、大豆、蔬菜、其他旱地作物（除烟草外）。从现有的研究成果来看，水稻不仅是中国最主要的 CH_4 排放源，而且对全球的 CH_4 排放起着重要的作用（唐红侠 等，2009）。旱田生态系统中，厌氧呼吸过程相对较弱，CH_4 细菌不活跃，且旱地土壤对 CH_4 具有吸收作用，所以旱地生态系统的 CH_4 排放很少、N_2O 排放却相当大（唐红侠 等，2009）。因此，本书在计算种植业 CH_4 排放量时仅考虑水稻生产中的 CH_4 排放。由于中国各地区水稻品种（早稻、中稻和晚稻）的 CH_4 排放率不同，需要分别计算各地区各水稻品种的排放量。此外，水稻田不仅排放大量 CH_4 还排放 N_2O，但 N_2O 排放与 CH_4 完全不同，田间水分状况和施肥情况是决定 N_2O 排放的主要因素（唐红侠 等，2009）。排放通量和氮肥排放系数是估算农田 N_2O 排放量的重要参数（王智平，1997）。因此，测算的农田（水稻田和旱地）N_2O 排放量，包括本底和施肥（氮肥和复合肥）两个方面。农作物生长过程中的化肥等投入要素的生产以及灌溉等还会排放 CO_2，因此，CO_2 排放量也在计算范围之列。

本书估算的畜禽品种主要包括：奶牛、水牛、黄牛、马、驴、骡、骆驼、生猪、羊、家禽。畜禽温室气体排放量测算主要包括：畜禽胃肠道内发酵产生的温室气体量和畜禽粪便所排放的温室气体量。

5.3.3.2　种植业的温室气体排放系数

各国农作物的生长环境、要素投入强度等因素均不相同，导致不同国别的同一作物品种的温室气体排放系数有所不同。因此，未将种植业的温室气体排放系数与国外同类研究进行比较。

（1）水稻的 CH_4 排放系数。

本书采用王明星等（1998）测算的中国各地区水稻田 CH_4 排放系数，是将天气、土壤和施肥等参数输入相关模型得出的结果，该系数已经包含施肥对水稻田 CH_4 排放量的影响。因此，在计算水稻田 CH_4 排放量时，可以不用单独考虑使用化肥所产生的 CH_4 排放量。由于王明星等（1998）测算出的北京、天津、河北、山西、内蒙古、辽宁、吉林、黑龙江、山东、河南、西藏、陕西、甘肃、宁夏和新疆的排放率是单季稻的排放率，根据《中国农业统计资料》，以上各地区种植的是中季稻（单季晚稻、冬水稻和麦茬稻），因此，将以上各地区单季稻的排放率看作中季稻的排放率。早稻、晚稻和中季稻的生长周期分别为85天、100天和105天（IPCC，1995）。本书根据以上数据，计算出中国水稻各地区生长周期内的 CH_4 排放系数（见表5-3）。我国地域广阔，由于不同地区气候、温度等不同，各地区水稻生长周期内 CH_4 排放率会存在很大差异。此外，由于缺乏水稻生长过程中光合作用的 CO_2 吸收量数据，本书在计算时未考虑其碳汇系数，可能会高估水稻生长周期中的 CH_4 排放量。

表5-3 中国各地区水稻生长周期内 CH_4 排放系数（单位：克/平方米）

地区	早稻 （单季稻）	晚稻	中季稻 （单季晚稻、冬水稻和麦茬稻）
北京	0.00	0.00	13.23
天津	0.00	0.00	11.34
河北	0.00	0.00	15.33
山西	0.00	0.00	6.62
内蒙古	0.00	0.00	8.93
辽宁	0.00	0.00	9.24
吉林	0.00	0.00	5.57

地区	早稻（单季稻）	晚稻	中季稻（单季晚稻、冬水稻和麦茬稻）
黑龙江	0.00	0.00	8.30
上海	12.41	27.50	53.87
江苏	16.07	27.60	53.55
浙江	14.37	34.50	57.96
安徽	16.75	27.60	51.24
福建	7.74	52.60	43.47
江西	15.47	45.80	65.42
山东	0.00	0.00	21.00
河南	0.00	0.00	17.85
湖北	17.51	39.00	58.17
湖南	14.71	34.10	56.28
广东	15.05	51.60	57.02
广西	12.41	49.10	47.78
海南	13.43	49.40	52.29
四川	6.55	18.50	25.73
贵州	5.10	21.00	22.05
云南	2.38	7.60	7.25
西藏	0.00	0.00	6.83
陕西	0.00	0.00	12.50
甘肃	0.00	0.00	6.83

续表

地区	早稻 （单季稻）	晚稻	中季稻 （单季晚稻、冬水稻和麦茬稻）
青海	0.00	0.00	0.00
宁夏	0.00	0.00	7.35
新疆	0.00	0.00	10.50

数据来源：根据王明星等（1998）测算结果及1995年至2009年《中国农业统计资料》整理。统计资料不包括港、澳、台地区，下同。

（2）农作物的 N_2O 排放系数。

土壤 N_2O 排放主要包括土壤本底 N_2O 排放和肥料 N_2O 排放。目前，国内学者通过大量实验，测算出了中国种植业各主要品种的 N_2O 排放系数（见表5-4）。

表5-4　农作物各品种的 N_2O 排放系数

系数	水稻	春小麦	冬小麦	大豆	玉米	蔬菜	其他旱地作物
本底 N_2O 排放通量 （公斤/公顷）	0.24	0.40	1.75	2.29	2.53	4.94	0.95
肥料（氮肥） N_2O 排放系数	0.30%	0.15%	1.10%	6.61%	0.83%	0.83%	0.30%
肥料（复合肥） N_2O 排放系数	0.11%	0.11%	0.11%	0.11%	0.11%	0.11%	0.11%

数据来源：关于本底 N_2O 排放通量和肥料（氮肥） N_2O 排放系数，水稻和其他旱地作物来自王智平（1997），春小麦来自于可伟等（1995），冬小麦来自苏维翰等（1992），大豆来自黄国宏等（1995）和于可伟等（1995），玉米来自黄国宏等（1995）和王少彬等（1993），蔬菜来自邱炜红等（2010），肥料（复合肥） N_2O 排放系数来自王智平（1997）。

（3）种植业各碳排放源的 CO_2 排放系数。

到目前为止，国内外文献中没有关于中国分地区、分品种的 CO_2 排放系数，因此，采用全国平均的 CO_2 排放系数进行计算。具体的 CO_2 排放系数如表5-5所示。

表5-5 种植业CO_2排放碳源、排放系数及系数来源

CO_2排放源	CO_2排放系数	数据来源
化肥 (公斤/公斤)	0.895 6	West等(2002)、美国橡树岭国家实验室 (转引自：智静等，2009)
农药 (公斤/公斤)	4.934 1	美国橡树岭国家实验室 (转引自：智静等，2009)
农膜 (公斤/公斤)	5.18	南京农业大学农业资源与生态环境研究所 (转引自：李波等，2011)
柴油 (公斤/公斤)	0.592 7	IPCC（2006）
翻耕 (公斤/公顷)	321.60	伍芬琳等（2007）
农业灌溉 (公斤/公顷)	20.476	李波等（2011）

5.3.3.3 畜禽养殖过程中的温室气体排放系数

畜牧业温室气体排放系数包括CH_4排放系数和N_2O排放系数，其中，CH_4排放系数由胃肠发酵CH_4排放系数和畜禽排泄物CH_4排放系数构成；N_2O排放系数即畜禽排泄物的N_2O排放系数。由于禽类胃肠发酵CH_4排放量极其微小，IPCC和FAO不予考虑，本书也不予计算。IPCC（2006）给出了各畜禽品种的CH_4排放系数，包括肠胃发酵CH_4排放系数和畜禽排泄物CH_4排放系数。N_2O排放系数来自胡向东等（2010）。各畜禽品种的温室气体排放系数如表5-6所示。

与国外同类研究相比，本书CH_4排放系数均来自IPCC（2006），相对更科学。另外，N_2O排放系数是参照FAO公布的2004年中国畜禽排泄物的N_2O排放量，并利用该排放量除以调整后的2004年平均饲养量推算得到（胡向东等，2010），与Zhou等（2007）得出的排放系数相比，更切合中国实际。

表5-6 各畜禽品种的温室气体排放系数（单位：公斤/头/年）

| 品种 | CH₄排放系数 | | | | | | | N₂O排放系数 | |
| | 肠道发酵 | | | 粪便排放 | | | 粪便排放 | | |
	本书(IPCC, 2006)	Zhou等(2007)	Kahlil(1993)	Yamaji(2003)	本书(IPCC, 2006)	Zhou等(2007)	Kahlil(1993)	本书(胡向东等，2010)	Zhou等(2007)
奶牛	68.00	65.25	44.00	—	16.00	8.95	0.50	1.00	0.36
水牛	55.00	72.92	50.00	56.30	2.00	1.80	0.50	1.34	0.41
肉牛	47.80	54.21	44.00	—	1.00	0.92	0.50	1.39	0.40
骡	10.00	10.00	10.00	10.00	0.90	0.62	0.50	1.39	0.77
骆驼	46.00	46.00	58.00	58.00	1.92	1.28	0.50	1.39	0.77
驴	10.00	10.00	10.00	10.00	0.90	0.62	0.50	1.39	0.77
马	18.00	18.00	18.00	18.00	1.64	1.23	0.50	1.39	0.77
生猪	1.00	1.00	1.00	1.00	3.50	1.53	0.50	0.53	0.15
羊	5.00	4.98[a]	5.00	5.40	0.16	0.115[a]	0.50	0.33	0.22[a]
兔	0.25	0.50	—	—	0.08	0.01	—	0.02	0.01
家禽	—	—	—	—	0.02	0.04[b]	—	0.02	0.02[b]

注：a指取山羊和绵羊的平均数；b指取鸡、鸭、鹅和火鸡的平均数。

5.4 测算结果及变化趋势

5.4.1 中国农业生产的温室气体排放总量

5.4.1.1 种植业的温室气体排放总量

从表5-7中可以看出，1991—2008年中国水稻的CH₄排放量呈下降趋势，从1991年的999.50万吨下降到2008年的931.44万吨。这可能是因为：中国水稻播种面积年度间虽有增减，但总体呈减少的趋势。2009年《中国统计年鉴》显示，1991—2008年，水稻播种面积从1991年的32 590.10千公顷下降到2008年的29 240.10千公顷，水田面积的减少及水稻直播等新技术的推广使CH_4排放量有所减少。与CH_4排放相比，同期的N_2O排放量却呈

表5-7　1991—2008年水稻的温室气体排放总量（单位：万吨）

年份	CH_4排放量	N_2O排放量		CO_2排放量
		本底N_2O排放量	施肥N_2O排放量	
1991	999.50	20.52	14.15	4 019.48
1992	988.80	20.65	15.37	4 206.25
1993	911.10	21.26	16.97	4 290.17
1994	907.29	21.73	17.35	4 593.62
1995	926.97	22.19	17.81	4 981.47
1996	968.85	22.95	18.65	5 272.57
1997	978.92	23.39	19.48	5 566.01
1998	974.49	24.37	20.24	5 783.36
1999	974.49	24.85	19.86	5 915.05
2000	937.79	25.35	19.98	5 980.45
2001	904.62	26.07	19.96	6 183.93
2002	899.29	26.22	19.64	6 337.21
2003	856.01	26.27	19.85	6 474.57
2004	916.19	26.28	20.76	6 901.50
2005	932.13	26.72	20.88	7 138.14
2006	938.48	27.13	21.13	7 376.58
2007	923.12	26.85	21.08	7 690.00
2008	931.44	27.41	21.33	7 785.87

上升趋势，从1991年的34.67万吨上升到2008年的48.74万吨。其原因在于：虽然中国粮食作物播种面积减少，但蔬菜等经济作物播种面积大幅增加，蔬菜等作物的单位面积化肥投入要远高于粮食作物（张锋，2011），从而导致 N_2O 排放增加。CO_2 排放量也呈逐年升高的趋势，从1991年的4 019.48万吨增加到2008年的7 785.87万吨。这可能是因为：化肥、农药等生产要素投入量不断增加，蔬菜等经济作物复种指数不断提高，加上中国农业生产的环境规制措施因规制成本过高、生产经营分散等原因难以实施，导致中国农作物生长过程中的温室气体排放不断增加。

5.4.1.2　畜禽的温室气体排放总量

由于各畜禽品种的出栏率不同，在计算畜禽的温室气体排放量时，需要先计算各畜禽品种的年平均饲养量，这样可以避免出现低估或高估畜禽温室气体排放量的现象。

（1）中国主要畜禽品种的年平均饲养量。

中国畜禽品种中生猪、兔和家禽的出栏率大于1，其他畜禽品种的出栏率小于1（胡向东 等，2010）。中国主要畜禽品种的年平均饲养量计算结果如表5-8和表5-9所示。

表5-8　1991—2008年中国主要畜禽品种的年平均饲养量

年份	生猪（万头）	兔（万只）	家禽（万只）	奶牛（万头）	肉牛（万头）	水牛（万头）
1991	18 025.81	2 436.26	42 547.02	281.85	7 907.20	2 184.75
1992	19 271.07	4 126.33	48 106.81	294.40	8 107.05	2 210.25
1993	20 725.64	4 460.66	59 945.48	319.65	8 459.40	2 237.40
1994	23 070.26	4 868.74	77 274.73	364.72	8 949.69	2 273.06
1995	26 328.27	5 578.75	94 963.62	400.77	9 580.54	2 324.86
1996	28 856.66	6 190.37	108 328.30	432.10	10 286.30	2 402.15

年份	生猪 (万头)	兔 (万只)	家禽 (万只)	奶牛 (万头)	肉牛 (万头)	水牛 (万头)
1997	24 699.84	5 884.56	115 404.40	448.94	9 661.85	2 334.40
1998	27 515.18	6 037.46	103 125.60	808.50	9 006.85	2 244.70
1999	28 480.66	5 961.01	111 983.80	843.93	9 407.01	2 315.76
2000	28 862.08	7 444.41	127 263.30	669.93	9 569.16	2 320.41
2001	30 102.36	8 340.31	121 879.20	527.45	9 593.10	2 272.10
2002	31 059.73	8 791.29	125 504.60	626.75	9 697.25	2 270.40
2003	32 438.63	9 187.75	133 896.80	790.25	9 909.90	2 250.30
2004	33 863.41	9 776.78	136 674.50	1 000.60	10 046.10	2 232.15
2005	36 218.41	10 885.59	148 649.50	1 162.05	10 076.90	2 226.40
2006	37 287.87	11 612.63	153 335.90	1 289.65	9 940.70	2 192.40
2007	30 963.44	12 682.63	144 336.10	1 291.05	8 875.20	1 829.20
2008	33 433.75	11 946.96	154 023.50	1 226.20	7 821.97	1 537.23

数据来源：根据1995年至2009年《中国统计年鉴》、《中国农业统计资料》、《中国农业年鉴》和《中国畜牧业年鉴》计算所得。

注：由于数据缺失，①2008年黄牛存栏量=2008年黄牛存栏量占比×（2008年水牛+黄牛存栏量），其中，2008年黄牛存栏量占比=［2007年黄牛存栏量/（水牛存栏量+黄牛存栏量）+2006年黄牛存栏量/（水牛存栏量+黄牛存栏量）］/2；②1999年兔子出栏量取1998年和1997年兔子出栏量的平均数，1998年兔子出栏量取1997年和1996年兔子出栏量的平均数，1997年兔子出栏量取1996年和1995年兔子出栏量的平均数。依据在于，畜牧业生产者一般根据近两年的生产情况来制定下一年的生产经营规模。

表5-9　1991—2008年中国主要畜禽品种的年平均饲养量（单位：万头）

年份	马	驴	骡	骆驼	羊
1991	1 013.00	1 117.80	555.00	45.20	20 811.50
1992	1 006.00	1 107.05	560.80	42.10	20 676.95
1993	999.20	1 093.70	555.50	38.70	21 235.10
1994	1 000.00	1 090.69	552.60	36.47	22 895.05
1995	1 005.00	1 083.39	547.10	35.37	25 869.25
1996	1 013.00	1 073.89	539.50	35.28	29 011.50
1997	952.40	1 019.99	511.60	35.23	27 946.65
1998	891.80	961.25	478.50	29.95	26 229.75
1999	892.70	947.53	468.70	33.25	27 414.75
2000	882.00	930.98	458.20	32.80	28 478.95
2001	851.30	902.10	444.60	30.25	29 429.20
2002	817.40	865.70	427.80	27.15	30 740.85
2003	799.40	835.30	407.60	26.45	32 774.55
2004	777.00	806.30	384.90	26.35	35 266.50
2005	752.00	784.55	367.20	26.40	36 952.50
2006	729.80	753.90	352.80	26.75	37 081.25
2007	711.20	709.85	321.80	25.55	32 730.65
2008	692.50	681.10	297.00	24.10	28 324.80

数据来源：根据1992年至2009年《中国统计年鉴》、《中国农业统计资料》、《中国农业年鉴》和《中国畜牧业年鉴》计算。

（2）中国主要畜禽品种养殖过程中的温室气体排放总量。

1991年以来，中国畜牧业的CH_4和N_2O排放量均呈先升后降的趋势（见表5-10）。1991—2006年，CH_4和N_2O排放量分别从1991年的765.53万吨、35.32万吨上升到2006年的1 111.43万吨、55.93万吨。两种温室气体排放量的增加主要是由于中国畜牧业的发展迅速，畜禽饲养量持续增长（张晖，2010）。此后，CH_4和N_2O排放量又分别下降到2008年的900.74万吨、46.90万吨，这可能是由畜禽饲养量的变化导致的。例如，由于受到饲养周期及一些传染病（蓝耳病等）的影响，2006年后生猪饲养量下降，肉牛存栏量也持续下降（胡向东 等，2010）。

表5-10 中国畜牧业的温室气体排放总量（单位：万吨）

年份	CH_4排放总量	N_2O排放总量
1991	763.53	35.32
1992	781.03	36.38
1993	811.18	38.09
1994	860.38	41.00
1995	927.65	45.05
1996	997.14	48.81
1997	951.87	45.41
1998	932.39	45.04
1999	969.47	46.78
2000	970.53	47.67
2001	966.49	48.27
2002	989.76	49.41
2003	1 028.80	51.33
2004	1 070.62	53.24
2005	1 104.37	55.42
2006	1 111.43	55.93
2007	987.91	48.89
2008	900.74	46.90

5.4.2 中国农业生产温室气体排放的结构演变

从表5-11中可以看出，1991—2008年，农作物生长过程中的CH_4排放量占农业生产CH_4排放总量的比重，以及N_2O排放量占农业生产N_2O排放总量的比重均在逐年递减，分别从1991年的56.62%、47.89%下降到2008年的50.60%、46.72%；畜禽养殖过程中的CH_4排放量占农业生产CH_4排放总量的比重，以及N_2O排放量占农业生产N_2O排放总量的比重均在逐年递增，分别从1991年的43.38%、52.11%上升到2008年的49.40%、53.28%。这可能是因为中国水稻播种面积呈逐年递减趋势，导致其CH_4排放量不断下降；同时，主要畜禽品种的饲养规模都呈逐年递增趋势，其CH_4和N_2O排放量逐年增长，尤其是畜禽养殖的N_2O排放量增长速度远快于农作物生长过程中N_2O排放量的增长速度。

表5-11 1991—2008年中国农业生产温室气体排放的结构变化

年份	CH_4排放总量（万吨）	N_2O排放总量（万吨）	农作物CH_4排放量占比	畜禽CH_4排放量占比	农作物N_2O排放量占比	畜禽N_2O排放量占比
1991	1 765.43	72.39	56.62%	43.38%	47.89%	52.11%
1992	1 772.54	75.12	55.78%	44.22%	47.96%	52.04%
1993	1 725.67	79.71	52.81%	47.19%	47.97%	52.03%
1994	1 772.02	84.43	51.20%	48.80%	46.28%	53.72%
1995	1 860.08	90.41	49.83%	50.17%	44.25%	55.75%
1996	1 972.10	96.51	49.13%	50.87%	43.10%	56.90%
1997	1 937.29	94.79	50.53%	49.47%	45.23%	54.77%
1998	1 912.69	95.46	50.95%	49.05%	46.73%	53.27%
1999	1 950.28	97.80	49.97%	50.03%	45.72%	54.28%

年份	CH₄排放 总量 （万吨）	N₂O排放 总量 （万吨）	农作物CH₄ 排放量 占比	畜禽CH₄ 排放量 占比	农作物N₂O 排放量 占比	畜禽N₂O 排放量 占比
2000	1 915.49	100.18	48.96%	51.04%	45.25%	54.75%
2001	1 877.98	101.17	48.17%	51.83%	45.50%	54.50%
2002	1 896.12	102.35	47.43%	52.57%	44.81%	55.19%
2003	1 892.36	104.99	45.24%	54.76%	43.93%	56.07%
2004	1 994.51	107.99	45.94%	54.06%	43.56%	56.44%
2005	2 044.88	111.39	45.58%	54.42%	42.73%	57.27%
2006	2 058.55	112.84	45.59%	54.41%	42.77%	57.23%
2007	1 918.15	104.95	48.13%	51.87%	45.67%	54.33%
2008	1 840.86	104.32	50.60%	49.40%	46.72%	53.28%

5.4.3 本研究测算结果与相关研究的比较

5.4.3.1 与关于种植业温室气体排放测算结果的比较

各国农作物诸品种的排放系数与其国内气候、土壤和施肥等因素有关，因此，无法进行种植业温室气体排放量的国别比较。

就国内而言，目前王明星等（1998）研究认为，我国稻田每年向大气中排放967万吨~1 266万吨CH₄。本研究的测算结果基本处在这一区间，表明其具有一定的科学性，可信度较高。此外，到目前为止，国内学者未测算出中国种植业各年的N₂O排放量，所以无法作比较。但是，本研究所采用的农作物各品种的N₂O排放系数均来自国内学者公开发表的实验数据，而且参考和借鉴了前人的测算方法，因此，测算结果具有一定的合理性和科学性。

5.4.3.2　与关于畜牧业温室气体排放测算结果的比较

本研究的测算结果与胡向东等（2010）的研究结果基本一致，而且变化趋势相同（见表5-12），表明本研究结果可信度较高。其中，有些年份与后者存在一些差异，这可能是由于部分数据缺失。例如，缺少家禽年末存栏量数据，于是依据年出栏量折算出家禽的年平均饲养量；有些年份兔子的存栏量也是根据前两年的存栏量进行推算的。

从国际比较来看，本研究测算出的中国大陆CH_4排放量与美国比较接近，变化趋势也基本相似，但中国大陆的N_2O排放量大于美国（EPA，2009），这可能是由化肥施用量及动物饲料营养的差异所致。

此外，与台湾省相比，本研究测算的1991—2000年中国大陆温室气体排放总量的变化趋势与其基本一致，均呈先升后降的趋势。此外，1997—1998年，中国大陆和台湾省畜禽的温室气体排放总量均有所下降，这可能是因为"口蹄疫"的发生使家畜的饲养量有所减少。

表5-12　本研究与其他畜牧业温室气体排放测算结果的比较（单位：万吨）

年份	CH_4排放量					N_2O排放量				
	中国大陆（本书）	中国大陆（Zhou等，2007）	美国（EPA，2009）	中国大陆（胡向东等，2010）	中国台湾（Yang等，2003）	中国大陆（本书）	中国大陆（Zhou等，2007）	美国（EPA，2009）	中国大陆（胡向东等，2010）	中国台湾（Yang等，2003）
1991	765.93	—		—	10.00	37.72			—	0.000 2
1992	783.74	—		—	10.00	39.09			—	0.000 21
1993	814.56	—		—	10.30	41.47			—	0.000 22
1994	864.73	—		—	10.60	45.36			—	0.000 22
1995	933.11	1 050.00		—	11.00	50.40	22.13		—	0.000 23
1996	1 003.25	1 111.00		—	11.20	54.91	23.65		—	0.000 24
1997	958.37	968.00		—	9.50	51.92	20.14		—	0.000 23

年份	CH₄排放量					N₂O排放量				
	中国大陆（本书）	中国大陆（Zhou等，2007）	美国（EPA，2009）	中国大陆（胡向东等，2010）	中国台湾（Yang等，2003）	中国大陆（本书）	中国大陆（Zhou等，2007）	美国（EPA，2009）	中国大陆（胡向东等，2010）	中国台湾（Yang等，2003）
1998	938.20	—	—	—	8.50	50.85	—	—	—	0.000 23
1999	975.79	—	—	—	9.00	53.09	—	—	—	0.000 23
2000	977.70	—	852.10	970.50	9.10	54.85	—	5.50	55.70	0.000 23
2001	973.36	1 052.00	—	979.00	—	55.14	22.79	—	56.30	—
2002	996.83	1 077.00	—	990.00	—	56.49	23.23	—	56.80	—
2003	1 036.35	1 119.00	—	1 022.00	—	58.87	24.12	—	58.20	—
2004	1 078.32	—	—	1 060.30	—	60.95	—	—	60.00	—
2005	1 112.75	—	871.70	1 084.60	—	63.79	—	5.60	61.50	—
2006	1 120.07	—	883.70	1 003.50	—	64.58	—	5.80	58.70	—
2007	995.03	—	913.10	911.80	—	57.02	—	5.80	54.60	—
2008	909.42	—	904.90	—	—	55.58	—	5.80	—	—

注："—"表示数据缺失。

5.4.4 中国农业生产温室气体排放的地区特征

由于中国各地区农业生产结构不同，其温室气体排放也呈现出不同的特征。主要测算结果如表5-13、表5-14和表5-15所示。受篇幅限制，本书仅列出主要省份的温室气体排放量。

5.4.4.1 中国各地区农业生产的CH₄排放量

如表5-13所示，1991—2008年，中国农业生产的CH₄排放大省没有明显变化。四川和湖南一直占据中国农业生产CH₄排放量前两位，对全国

农业生产的 CH_4 排放量的贡献最大。江苏、湖北、安徽等省的 CH_4 排放量也一直位居前列。1991—2008 年，排名前十位省份的 CH_4 总排放量占全国 CH_4 排放总量的比重在 65.00% 左右，表明中国农业生产的 CH_4 排放的区域集中度较高。

表 5-13　1991—2008 年 CH_4 排放量位居前十位的省份（单位：万吨）

排序	年份							
	1991	1995	2000	2002	2004	2006	2007	2008
1	四川	四川	四川	四川	湖南	湖南	湖南	湖南
	152.75	158.67	161.67	165.96	173.38	178.02	175.92	173.61
2	湖南	湖南	湖南	湖南	四川	四川	四川	四川
	152.17	153.61	159.73	159.14	170.59	176.43	162.98	158.60
3	江苏	江西	江苏	江西	江西	江西	江西	江西
	137.93	127.98	133.58	126.03	134.63	139.97	134.04	133.63
4	广东	湖北	安徽	广西	江苏	江苏	江苏	江苏
	135.21	127.88	132.12	125.92	131.02	137.35	132.85	130.72
5	湖北	广西	江西	江苏	安徽	湖北	湖北	湖北
	128.38	125.74	124.69	123.17	126.38	128.81	120.88	120.71
6	江西	广东	广西	安徽	湖北	安徽	安徽	安徽
	124.11	123.42	123.45	121.04	123.56	122.62	117.81	114.58
7	广西	安徽	湖北	湖北	广西	河南	广西	广西
	122.04	120.15	120.04	120.88	123.03	121.77	106.87	98.82
8	安徽	江苏	广东	河南	河南	广西	河南	广东
	115.23	118.95	114.03	107.07	111.41	120.81	102.94	87.63

排序	年份							
	1991	1995	2000	2002	2004	2006	2007	2008
9	浙江	山东	河南	广东	广东	广东	广东	河南
	73.24	94.32	100.53	105.30	102.13	100.78	89.85	86.94
10	河南	河南	山东	山东	山东	山东	内蒙古	内蒙古
	64.67	86.23	77.56	75.22	84.00	79.22	73.42	64.55
十省份合计	1 205.71	1 236.91	1 247.39	1 229.72	1 280.12	1 305.79	1 217.54	1 169.77
全国总计	1 763.03	1 854.62	1 908.32	1 889.05	1 986.81	2 049.91	1 911.03	1 832.18
十省份占全国比重	68.39%	66.69%	65.37%	65.11%	64.43%	63.70%	63.71%	63.85%

CH_4排放量一直位居前列的四川等地区，主要以水稻生产为主，畜牧业的生产规模相对较低。1991年，四川、湖南、江苏、湖北、安徽各省的水稻播种面积占全国总播种面积的比重分别为9.55%、13.19%、7.22%、8.05%、6.90%，五省总占比为44.91%；同期的肉类产量占全国肉类总产量的比重分别为15.06%、6.83%、6.57%、5.04%、3.85%，五省总占比为37.35%。2008年，四川、湖南、江苏、湖北、安徽各省的水稻播种面积占全国总播种面积的比重分别为9.27%、13.45%、7.64%、6.77%、7.59%，五省总占比为44.72%；同期的肉类产量占全国肉类总产量的比重分别为6.13%、10.56%、4.45%、4.67%、4.73%，五省总占比为30.54%[①]。1991—2008年，五省水稻播种面积总占比没有明显变化，而其肉类产量占比却呈下降趋势。此外，水稻农业生产中CH_4排放量占农业生产的CH_4排放总量的一半左右，因此，作为南方水稻主产区，四川等五省对全国CH_4排放量的贡献不可低估。

---

① 根据1992年和2009年《中国农业年鉴》计算。

5.4.4.2 中国各地区农业生产的 N_2O 排放量

如表5-14所示，1991—2008年，排名前十位省份 N_2O 排放量占全国 N_2O 排放总量的比重为56.61%～60.44%，略低于 CH_4 排放的地区集中度。然而，比较两种温室气体排放前五位的省份可以发现，除了四川之外，并没有更多重复的省份。 CH_4 排放较多的为南方水稻生产大省， N_2O 排放较多的为中原及北方农业大省。这表明由于农业生产结构的不同， N_2O 排放与 CH_4 排放呈现出不同的区域特征。

N_2O 排放量位于前列的河南等省，其农业生产结构中畜牧业的生产规模相对较高。1991年，四川、山东、河南、河北、江苏的肉类产量占全国总产量的比重分别为15.06%、8.31%、5.03%、4.54%、6.57%，五省总占比为39.51%。2008年，河南、四川、山东、河北、黑龙江的肉类产量占全国总产量的比重分别为8.03%、10.56%、9.07%、5.79%、3.96%，五省总占比为37.41%[①]。从以上数据可以看出，总体而言，同期的 N_2O 排放大省的畜牧业生产规模要大于 CH_4 排放大省。此外，由于畜禽的 N_2O 排放量占全国农业生产的 N_2O 排放总量的比重要高于水稻的占比，在各地区的农业生产结构中，畜牧业的生产规模对其 N_2O 排放量的影响更大。

表5-14 1991—2008年 N_2O 排放量位居前十位的省份（单位：万吨）

排序	年份							
	1991	1995	2000	2002	2004	2006	2007	2008
1	四川	山东	河南	河南	河南	河南	河南	河南
	6.38	8.99	8.91	9.49	9.95	10.75	9.76	9.24
2	山东	河南	山东	山东	山东	四川	四川	四川
	6.03	7.39	8.49	8.39	8.58	8.92	8.25	8.31
3	河南	四川	四川	四川	四川	山东	山东	山东
	5.87	7.21	7.77	8.00	8.28	8.65	7.77	7.30

① 根据1992年和2009年《中国农业年鉴》计算。

排序	年份							
	1991	1995	2000	2002	2004	2006	2007	2008
4	河北	河北	河北	河北	河北	河北	河北	河北
	4.04	5.37	6.56	6.59	6.82	7.17	6.15	5.67
5	江苏	江苏	安徽	江苏	黑龙江	内蒙古	黑龙江	黑龙江
	3.31	4.01	4.38	4.43	5.08	5.07	5.35	5.32
6	黑龙江	黑龙江	江苏	安徽	安徽	黑龙江	内蒙古	内蒙古
	2.93	3.96	4.29	4.42	4.59	5.01	5.01	4.55
7	安徽	安徽	黑龙江	黑龙江	内蒙古	湖南	安徽	安徽
	2.90	3.75	4.12	4.33	4.45	4.58	4.33	4.28
8	内蒙古	湖南	湖南	湖南	湖南	安徽	江苏	江苏
	2.82	3.39	3.91	4.12	4.43	4.57	4.05	4.00
9	云南	湖北	内蒙古	内蒙古	江苏	江苏	云南	云南
	2.68	3.38	3.80	3.74	4.31	4.30	3.82	3.90
10	湖南	内蒙古	云南	云南	云南	云南	湖南	湖北
	2.66	3.18	3.50	3.62	3.78	3.96	3.79	3.81
十省份合计	39.61	50.64	55.72	57.13	60.27	62.97	58.28	56.37
全国总计	69.99	85.05	93.00	95.27	100.28	104.19	96.82	95.64
十省份占全国比重	56.61%	59.54%	59.91%	59.97%	60.10%	60.44%	60.19%	58.94%

5.4.4.3　中国各地区农业生产的CO_2排放量

从表5-15中可以看出，1991—2008年，排名前十位省份农业生产的CO_2排放量占全国农业生产的CO_2排放总量的比重均在60.00%左右，说明我国农业生产CO_2排放量也呈现出明显的区域集中特征。此外，山东、河南、河北、江苏和四川五省一直位居前列，是对我国农业生产的CO_2排放贡献较大的省份。

CO_2排放量由地区种植业的播种面积决定，种植业的规模会影响其农业生产中化肥、农药等的使用量，进而影响各地区农业生产过程中的CO_2排放量。从对我国CO_2排放贡献较大的山东、河南、河北、江苏和四川五省的播种面积来看，1991年五省主要农作物的播种面积占全国主要农作物播种总面积的比重分别为7.35%、8.02%、5.90%、5.41%、8.52%，五省总占比为35.20%；2008年，这一比重分别为6.89%、9.05%、5.58%、4.81%、8.10%，五省总占比为34.43%[1]。1991—2008年，与其他省份相比，山东等五省种植业的规模相对较大，充分说明各地区农业生产结构中种植业的生产规模对其农业生产中的CO_2排放量起决定作用。

表5-15　1991—2008年CO_2排放量位居前十位的省份（单位：万吨）

排序	年份							
	1991	1995	2000	2002	2004	2006	2007	2008
1	山东	山东	山东	山东	山东	山东	山东	山东
	436.20	534.60	668.00	731.46	758.70	825.90	832.00	797.20
2	江苏	河南	河南	河南	河北	河南	河南	河南
	320.90	391.76	525.00	579.21	619.80	663.30	700.60	733.00
3	河南	江苏	江苏	河北	河南	河北	河北	河北
	302.50	379.06	435.00	465.07	604.10	636.30	680.00	589.50

①根据1992年和2009年《中国农业年鉴》计算。

排序	年份							
	1991	1995	2000	2002	2004	2006	2007	2008
4	四川	河北	河北	江苏	江苏	江苏	江苏	江苏
	260.50	339.87	432.00	435.80	439.80	452.20	453.70	455.60
5	河北	湖北	四川	四川	四川	四川	四川	四川
	255.00	313.39	372.00	374.93	397.30	417.50	434.30	443.60
6	广东	四川	湖北	安徽	安徽	安徽	安徽	湖北
	248.60	299.63	333.00	348.90	368.60	395.10	408.40	426.90
7	湖南	广东	安徽	湖北	湖北	湖北	湖北	安徽
	213.10	268.48	327.00	337.71	364.60	384.40	398.90	414.30
8	湖北	安徽	广东	广东	湖南	湖南	湖南	湖南
	213.00	261.85	256.00	274.17	289.00	303.90	310.10	317.00
9	安徽	湖南	湖南	湖南	广东	广东	广东	广东
	192.80	221.22	245.00	252.57	282.50	292.60	303.30	314.00
10	辽宁	浙江	浙江	浙江	浙江	黑龙江	黑龙江	黑龙江
	149.80	194.43	225.00	241.99	251.40	275.20	301.10	301.30
十省份合计	2 443.00	3 009.90	3 592.00	3 799.80	4 124.00	4 371.00	4 521.00	4 491.00
全国总计	4 019.00	4 981.50	5 980.00	6 337.20	6 902.00	7 377.00	7 690.00	7 786.00
十省份占全国比重	60.80%	60.42%	60.00%	59.96%	59.80%	59.30%	58.80%	57.70%

5.5 本章小结

通过构建农业生产的温室气体测算模型，并结合中国农作物和畜禽品种的温室气体排放系数，对中国 1991—2008 年农业生产的温室气体（CH_4、N_2O 和 CO_2）排放量进行了初步测算，并阐述了中国农业生产温室气体排放的演变趋势。主要研究结论如下：

（1）就种植业而言，1991—2008 年中国水稻的 CH_4 排放量呈下降趋势，从 1991 年的 999.50 万吨下降到 2008 年的 931.44 万吨；而同期的 N_2O 和 CO_2 排放量却逐年升高，N_2O 排放量从 1991 年的 34.67 万吨上升到 2008 年的 48.74 万吨，CO_2 排放量从 1991 年的 4 019.48 万吨增加到 2008 年的 7 785.87 万吨。

（2）就畜牧业而言，1991 年以来，中国畜牧业 CH_4 和 N_2O 排放量均呈先升后降的趋势。1991—2006 年，CH_4 和 N_2O 排放量分别从 1991 年的 765.53 万吨、35.32 万吨上升到 2006 年的 1 111.43 万吨、55.93 万吨。此后，CH_4 和 N_2O 排放量又分别下降到 2008 年的 900.74 万吨、46.90 万吨。

（3）1991—2008 年，中国农业生产温室气体排放的结构变化趋势如下：①农作物生长过程中的 CH_4 排放量占农业生产 CH_4 排放总量的比重，以及 N_2O 排放量占农业生产 N_2O 排放总量的比重在逐年递减，分别从 1991 年的 56.62%、47.89% 下降到 2008 年的 50.60%、46.72%。②畜禽养殖过程中的 CH_4 排放量占农业生产 CH_4 排放总量的比重，以及 N_2O 排放量占农业生产 N_2O 排放总量的比重在逐年递增，分别从 1991 年的 43.38%、52.11% 上升到 2008 年的 49.40%、53.28%。

（4）从农业生产温室气体排放的地区特征来看，1991—2008 年，中国排名前十位省份农业生产的总排放量占全国排放总量的比重均在 60.00% 左右，表明中国农业生产的温室气体排放区域集中度较高。四川、湖南、江苏、河南和安徽等农业大省的温室气体排放量一直位居全国前列，这与这些地区的农业生产结构有直接的关系。

在理清中国农产品进出口贸易结构和农业生产的温室气体排放的演

变趋势之后，第六、第七两章将基于这一现实依据和基础数据，定量测算1991—2008年中国主要进出口农产品的温室气体排放效应，并实证分析农产品的贸易开放度对中国农业生产温室气体排放的影响。

6 中国主要进出口农产品温室气体排放效应的分解

经过三十多年的改革开放，中国农产品贸易取得了长足发展，中国已成为第五大农产品出口国和第四大农产品进口国。根据联合国COMTRADE统计数据库，我国农产品贸易额由1978年的61.00亿美元增长到2008年的992.10亿美元，年增长率为9.70%。然而，在农产品对外贸易取得巨大进展，带动国内农业经济发展的同时，中国农业生产的温室气体排放问题也日益引起人们的关注。据测算，中国农业生产的温室气体排放占排放总量的比重约为17.00%（胡启山，2010）。不同农产品农业生产中的温室气体排放量不同，那么，农产品的进出口贸易规模和结构变化对中国农业生产的温室气体排放的影响如何呢？

目前，国内外学者尚未就这一问题进行相关研究。本章试图通过借鉴Grossman等（1991）的效应分解模型，利用1991—2008年中国主要进出口农产品数据，实证分析中国主要进出口农产品的温室气体排放效应，探寻农产品的排放强度差异和进出口结构等变化对中国农业生产的温室气体排放的影响。

6.1 计量模型、数据来源与指标说明

6.1.1 计量模型

受Grossman等（1991）、Chai（2002）和李怀政（2010）的研究成果启发，本书将农产品对外贸易对农业生产温室气体排放的影响，界定为农产品进出口的温室气体排放效应，具体模型如下。

6.1.1.1 农产品出口排放效应的分解模型

$$Q = \sum_{i=1}^{n} s_i \times e_i \times X \tag{6-1}$$

式中，Q为农产品出口贸易所增加的农业生产温室气体排放量（CO_2排放当量），反映出口的环境质量水平；s_i为第i种农产品出口份额，反映农产品出口结构；e_i为第i种农产品的温室气体排放强度，反映技术进步；X表示农产品出口总量，反映农产品出口规模；n为出口农产品种类。

对式（6-1）求一阶导数得：

$$Q' = \sum_{i=1}^{n}(s_i' \times e_i \times X) + \sum_{i=1}^{n}(s_i \times e_i' \times X) + \sum_{i=1}^{n}(s_i \times e_i \times X') \tag{6-2}$$

式中，Q'、s'、e'、X'分别表示Q、s、e、X的一阶导数，分别反映出口的环境质量水平、农产品出口结构、技术进步、出口规模的变化情况。式（6-2）可进一步表示为：

$$\underbrace{\Delta Q}_{\text{出口总排放效应}} = \underbrace{\sum_{i=1}^{n}(\Delta s_i \times e_i \times X)}_{\text{出口结构效应}} + \underbrace{\sum_{i=1}^{n}(s_i \times \Delta e_i \times X)}_{\text{出口技术效应}} + \underbrace{\sum_{i=1}^{n}(s_i \times e_i \times \Delta X)}_{\text{出口规模效应}} \tag{6-3}$$

式中，出口总排放效应，即农产品出口贸易所增加的农业生产温室气体排放量的变化总量；出口结构效应、出口技术效应、出口规模效应分别表示农产品出口结构、温室气体排放强度、出口规模的变化所导致的农业生产的温室气体排放量的变化量。

6.1.1.2 农产品进口排放效应的分解模型

$$M = \sum_{i=1}^{n} r_i \times e_i \times Y \tag{6-4}$$

式中，M为农产品进口贸易所减少的农业生产的温室气体排放量，反映进口的环境质量水平；r_i为第i种农产品进口份额，反映农产品进口结构；e_i为第i种农产品的温室气体排放强度[1]，反映技术进步；Y表示农产品进口总量，反映农产品进口规模；n为进口农产品种类[2]。

---

[1] 若中国没有通过进口来满足国内对某类农产品的需求，则国内就会增加其农业生产规模。因此，假定中国进口农产品与国内同类农产品的温室气体排放强度相同。

[2] 进口农产品与出口农产品的种类相同。

对式（6-4）求一阶导数得：

$$M' = \sum_{i=1}^{n} (r_i' \times e_i \times Y) + \sum_{i=1}^{n} (r_i \times e_i' \times Y) + \sum_{i=1}^{n} (r_i \times e_i \times Y') \qquad (6-5)$$

式中，M'、r'、e'、Y' 分别表示 M、r、e、Y 的一阶导数，分别反映进口的减排成效、农产品进口结构、技术进步、进口规模的变化情况。式（6-5）可进一步表示为：

$$\underbrace{\Delta M}_{\text{进口总排放效应}} = \underbrace{\sum_{i=1}^{n} (\Delta r_i \times e_i \times Y)}_{\text{进口结构效应}} + \underbrace{\sum_{i=1}^{n} (r_i \times \Delta e_i \times Y)}_{\text{进口技术效应}} + \underbrace{\sum_{i=1}^{n} (r_i \times e_i \times \Delta Y)}_{\text{进口规模效应}} \qquad (6-6)$$

式中，进口总排放效应，即农产品进口贸易所减少的农业生产温室气体排放量的变化总量；进口结构效应、进口技术效应、进口规模效应分别表示农产品进口结构、温室气体排放强度、进口规模的变化所导致的农业生产温室气体排放量的变化量。

6.1.2 数据来源

6.1.2.1 宏观数据

考虑到统计口径的统一性和数据的可获性，本研究仅考虑原始和初加工农产品，不含中间品和畜禽饲料的贸易额。农产品贸易额来自1995年至2003年《中国对外经济贸易年鉴》和2004年至2009年《中国商务年鉴》；农产品产值数据来自1992年至2009年《全国农产品成本收益资料汇编》；农产品播种面积、农业灌溉面积和化肥、农药、农膜、柴油使用量来自2009年《中国统计年鉴》和1991年至2008年《中国农业统计资料》；畜禽出栏量来自1991年至2008年《中国农业统计资料》和2009年《中国畜牧业年鉴》。

6.1.2.2 排放系数数据

水稻 CH_4 排放系数来自王明星等（1998）；水稻田本底 N_2O 年排放通量、氮肥和复合肥 N_2O 排放系数，花生、棉花、甘蔗本底 N_2O 年排放通量和氮肥 N_2O 排放系数来自王智平（1997）；冬小麦本底 N_2O 年排放通量和氮肥 N_2O 排放系数来自苏维翰等（1992）；春小麦本底 N_2O 年排放通量和氮肥 N_2O 排放系数来自于可伟等（1995）；大豆本底 N_2O 年排放通量和氮

肥 N_2O 排放系数取黄国宏等（1995）和于可伟等（1995）的平均数；玉米本底 N_2O 年排放通量和氮肥 N_2O 排放系数取黄国宏等（1995）和王少彬（1995）的平均数。蔬菜本底 N_2O 年排放通量和氮肥 N_2O 排放系数来自邱炜红等（2010）。畜禽出栏率和 N_2O 排放系数来自胡向东等（2010）；畜禽胃肠发酵和排泄物的 CH_4 排放系数、柴油 CO_2 排放系数来自 IPCC（2006）；化肥 CO_2 排放系数来自 West 等（2002）；农药 CO_2 排放系数来自智静等（2009）；农膜和农业灌溉 CO_2 排放系数来自李波等（2011）；翻耕 CO_2 排放系数来自伍芬琳等（2007）。

6.1.3　指标说明

本研究将进出口农产品归为 8 大类农作物品种和 5 大类畜禽品种，分别为稻谷（稻谷和大米）、小麦（小麦和面粉）、玉米、大豆（大豆和食用豆油）、花生（食用花生油和花生仁）、棉花、甘蔗（食糖）、蔬菜、生猪（活猪和冻猪肉）、肉牛（活肉牛和冻牛肉）、家禽（活家禽、冻家禽和鲜蛋）、奶牛（奶粉和鲜奶）以及羊（活羊和冻羊肉）。这样归类的主要原因是：此类农产品农业生产过程中的温室气体排放系数可获，而且从贸易额上看，它们是中国主要的进出口农产品。另外，按照前人的处理方法，农作物各品种的化肥、农药、农膜、柴油使用量等于各品种农作物播种面积占总播种面积的比重乘以总使用量，灌溉面积等于各品种农作物播种面积占总播种面积的比重乘以农业总灌溉面积。

6.2　温室气体排放强度测算及其变化趋势

6.2.1　农作物温室气体排放量测算公式[①]

$$CO_{2crop(i)} \text{当量} = CH_{4crop(i)} \times 21 + N_2O_{crop(i)} \times 310 + CO_{2crop(i)}$$

$$= S_i \times \alpha_i \times 21 + (S_i \times \beta_i + Q_i \times \gamma_i) \times 310 + \sum_{j=1}^{n}(T_{ij} \times \chi_{ij}) \quad (6\text{-}7)$$

[①] 由于缺少各农作物品种的碳汇系数，未考虑其光合作用所吸收的温室气体量。

式中，$CO_{2crop(i)}$当量为第i种农作物的CO_2排放当量，其中，CH_4和N_2O排放量按其"增温潜势"折算成CO_2排放当量[1]。S_i、α_i、β_i分别为第i种农作物的年播种面积、单位面积的CO_2排放系数和本底N_2O年排放通量；Q_i、γ_i分别为第i种农作物的化肥年施用量和（化肥施用后）土壤排放的N_2O排放系数；T_{ij}、χ_{ij}分别为第i种农作物CO_2排放源的数量和（各排放源）CO_2排放系数。

6.3.2 畜禽温室气体排放量测算公式

$$CO_{2live(i)} 当量 = CH_{4live(i)} \times 21 + N_2O_{live(i)} \times 310$$
$$= (N_i \times \delta_i) \times 21 + (N_i \times \phi_i) \times 310 \tag{6-8}$$

式中，$CO_{2live(i)}$当量为第i种畜禽的CO_2排放当量；N_i、δ_i、ϕ_i分别为第i种畜禽的年平均饲养量、CH_4排放系数和N_2O排放系数。由于畜禽饲养周期不同，有必要对畜禽的年平均饲养量进行调整，具体调整方法参见胡向东等（2010）。

6.3.3 农产品温室气体排放强度测算公式

温室气体排放强度是衡量一国农产品对外贸易的温室气体排放效应的重要指标，其涵义是农产品单位产值[2]农业生产过程中的温室气体排放量，可以表示为：

$$E_i = \frac{CO_{2(i)}当量}{Y_i} \tag{6-9}$$

式中，E_i为第i种农产品的温室气体排放强度；$CO_{2(i)}$当量为第i种农产品农业生产过程中的CO_2排放当量；Y_i为第i种农产品的年产值。

---

[1] CH_4、N_2O的"增温潜势"分别为CO_2的21倍、310倍（FAO，2006）。

[2] 采用单位产值而不用单位产量的原因在于：由于产品属性不同，一千克棉花与一千克猪肉农业生产过程中的温室气体排放量不可比，而一元钱的棉花与一元钱的猪肉的温室气体排放量则具有可比性。

6.2.4 测算结果及变化趋势

为了更好地反映农产品对外贸易的温室气体排放效应，取1991—1993年（三年）农产品温室气体排放强度的算术平均值作为初始值，来反映农产品对外贸易对中国农业生产温室气体排放的影响的初始状态；取2006—2008年（三年）农产品温室气体排放强度的算术平均值作为当前值，来反映农产品对外贸易对中国农业生产温室气体排放的影响的现状。具体计算结果如表6-1所示。

表6-1　1991—2008年中国主要农产品的温室气体排放强度（单位：吨/百万元）

品种	1991—1993	1994	1995	1996	1997	1998	1999	2000	2001	2002	2003	2004	2005	2006—2008
稻谷	175.77	153.29	174.65	190.74	202.66	215.39	218.80	216.59	201.33	225.76	211.53	202.67	222.91	232.62
小麦	48.99	48.98	48.73	49.93	48.24	56.91	50.12	56.35	52.75	52.87	52.07	40.78	44.71	39.62
玉米	51.24	49.15	51.83	55.62	58.85	58.22	65.77	62.92	47.44	44.97	44.41	42.96	44.04	39.86
大豆	123.56	112.63	97.69	107.11	124.38	116.89	117.01	106.31	104.55	80.79	84.64	105.06	104.48	103.93
花生	9.79	10.12	11.02	11.03	10.39	12.45	12.53	11.21	12.12	11.27	13.03	11.65	12.27	12.66
棉花	6.04	6.25	6.89	7.71	7.74	7.86	8.88	7.43	10.45	8.61	9.40	92.23	9.05	8.97
甘蔗	4.09	3.66	4.63	5.45	5.46	6.12	7.28	5.76	4.92	5.31	5.18	4.74	3.93	4.37
蔬菜	13.71	14.26	13.33	15.33	14.01	14.07	12.16	12.00	10.55	10.94	11.33	9.64	10.29	10.67
生猪	62.30	64.20	67.47	69.38	66.97	71.28	78.49	73.02	71.52	73.56	65.44	55.35	62.34	58.99
肉牛	60.37	110.57	132.5	139.05	169.00	149.29	124.11	127.74	117.92	93.98	81.36	88.36	88.09	71.86
家禽	4.27	6.42	6.33	5.74	7.41	5.94	6.97	6.37	6.25	6.78	6.42	6.44	6.70	6.48
奶牛	49.73	56.57	50.59	41.38	56.99	36.05	35.72	34.13	33.17	31.70	32.27	36.95	37.42	37.04
羊	83.07	150.59	200.12	219.77	215.03	202.39	173.47	151.66	150.90	204.95	181.53	191.51	207.89	151.40

资料来源：根据《全国农产品成本收益资料汇编》以及1992年至2009年的《中国统计年鉴》、《中国农业统计资料》和《中国畜牧业年鉴》计算；农产品产值已经剔除了物价因素。

1991—1993 年，温室气体排放强度最大的是稻谷，为 175.77 吨/百万元，最小的是甘蔗，为 4.09 吨/百万元；排放强度居前五位的农产品品种分别为稻谷、大豆、羊、生猪和肉牛，排放强度均超过 60.00 吨/百万元。

2006—2008 年，温室气体排放强度最大的是稻谷，为 232.62 吨/百万元，最小的是甘蔗，为 4.37 吨/百万元；排放强度居前五位的农产品分别为稻谷、羊、大豆、肉牛和生猪，与 1991—1993 年相比，农产品的排放强度有增有减。

从以上数据可以看出，1991—2008 年，虽然中国主要农产品的排放强度排序有所变化，但是排放强度较大的农产品品种没有改变。这可能是因为稻谷和大豆是消费的主要农产品品种，消费量的增加会诱导其耕作强度增加；后三者是主要的畜禽饲养品种，其生长过程中的 CH_4 和 N_2O 排放量相对较大。另外，受耕地资源的制约，同时随着人口的增加，对粮食和肉制品的需求会不断增加，主要畜禽品种的排放强度很难降低。

6.3 中国主要进出口农产品温室气体排放效应的分解结果

6.3.1 结构效应

从农产品进出口份额来看，与 1991—1993 年相比，2006—2008 年温室气体排放强度较大的农产品出口份额有升有降，稻谷、大豆和羊分别上升 0.27%、0.02% 和 0.49%，而生猪、肉牛分别下降 1.75%、2.64%（见表 6-2）；与此同时，温室气体排放强度较大的农产品进口份额也有增有减，大豆、生猪和羊分别增加 67.81%、0.66% 和 0.30%，而稻谷和肉牛分别减少 0.34%、0.04%（见表 6-3）。

表6-2　1991—2008年中国主要农产品出口贸易的结构效应

品种	x_i（亿元）		s_i		$\triangle s_i$	e_i 1991—1993	$s_i \times e_i$		$\triangle s_i \times e_i \times X$（万吨）
	1991—1993		2006—2008				1991—1993	2006—2008	
稻谷	12.56	5.82%	15.36	6.09%	0.27%	175.77	10.23	14.17	1.02
小麦	0.01	0.01%	15.17	6.01%	6.00%	48.99	0.01	2.38	6.34
玉米	56.42	26.18%	16.01	6.35%	−19.83%	51.24	13.41	2.53	−21.90
大豆	9.86	4.57%	11.59	4.59%	0.02%	123.56	5.65	4.77	0.05
花生	10.71	4.97%	8.82	3.49%	−1.48%	9.79	0.49	0.44	−0.31
棉花	18.92	8.78%	1.05	0.42%	−8.36%	6.04	0.53	0.04	−1.09
甘蔗	26.73	12.40%	1.61	0.64%	−11.76%	4.09	0.51	0.03	−1.04
蔬菜	31.74	14.73%	141.38	56.06%	41.33%	13.71	2.02	5.98	12.21
生猪	21.95	10.18%	21.25	8.43%	−1.75%	62.30	6.34	4.97	−2.35
肉牛	9.16	4.25%	4.05	1.61%	−2.64%	60.37	2.57	1.16	−3.44
家禽	16.23	7.53%	7.07	2.80%	−4.73%	4.27	0.32	0.18	−0.44
奶牛	0.45	0.21%	6.68	2.65%	2.44%	49.73	0.10	0.98	2.62
羊	0.80	0.37%	2.17	0.86%	0.49%	83.07	0.31	1.30	0.88
总计	215.54		252.21				42.49	38.93	−7.45

　　资料来源：根据1992年至2009年《中国统计年鉴》、《中国对外经济贸易年鉴》和《中国商务年鉴》计算；农产品进出口贸易额已经剔除了汇率和物价因素，下同。

表6-3 1991—2008年中国主要农产品进口贸易的结构效应

品种	Yi (亿元) 1991—1993	ri 1991—1993	Yi (亿元) 2006—2008	ri 2006—2008	Δri	ei 1991—1993	ri × ei 1991—1993	ri × ei 2006—2008	Δri × ei × Y (万吨)
稻谷	1.36	1.45%	8.32	1.11%	−0.34%	175.77	2.55	2.58	−0.56
小麦	56.75	60.44%	3.54	0.47%	−59.97%	48.99	29.61	0.19	−27.59
玉米	0.00	0.00	0.33	0.04%	0.04%	51.24	0.00	0.02	0.02
大豆	3.85	4.10%	540.37	71.91%	67.81%	123.56	5.07	74.74	78.68
花生	0.10	0.11%	0.35	0.05%	−0.06%	9.79	0.01	0.01	−0.01
棉花	18.65	19.86%	138.12	18.38%	−1.48%	6.04	1.21	1.65	−0.08
甘蔗	11.87	12.64%	14.58	1.94%	−10.70%	4.09	0.52	0.08	−0.41
蔬菜	0.00	0.00%	4.48	0.60%	0.60%	13.71	0.00	0.06	0.08
生猪	0.01	0.01%	5.03	0.67%	0.66%	62.30	0.01	0.41	0.39
肉牛	0.09	0.09%	0.38	0.05%	−0.04%	60.37	0.05	0.04	−0.02
家禽	0.01	0.01%	23.07	3.07%	3.06%	4.27	0.01	0.21	0.12
奶牛	1.21	1.29%	10.62	1.41%	0.12%	49.73	0.64	0.52	0.06
羊	0.00	0.00%	2.22	0.30%	0.30%	83.07	0.00	0.45	0.23
总计	93.90		751.41				39.68	113.08	50.91

资料来源：根据1992年至2009年《中国统计年鉴》、《中国对外经济贸易年鉴》和《中国商务年鉴》计算。

从加权温室气体排放强度来看，如表6-2所示，2006—2008年出口农产品排放强度为38.93吨/百万元，较1991—1993年的42.49吨/百万元，下降了3.56吨/百万元，降幅为8.38%，数据表明我国出口农产品的加权温室气体排放强度变化不大。如表6-3所示，同期的进口农产品排放强度为113.08吨/百万元，较1991—1993年的39.68吨/百万元，增加了73.4吨/百万元，增幅达184.98%，数据说明中国温室气体排放强度较大的农产品进口有增加的趋势。

就结构效应而言，1991—2008年，由于农产品出口份额的变化，农业生产的温室气体排放共减少7.45万吨CO_2当量。其中，以玉米为最，减排21.90万吨CO_2当量，说明中国农产品出口贸易结构的变化呈现出显著的温室气体减排正效应。与此同时，由于农产品进口份额的变化，农业生产的温室气体排放共减少50.91万吨CO_2当量。其中，以大豆为最，减排78.68万吨CO_2当量，说明中国农产品进口贸易结构变化呈现出显著的温室气体排放负效应，即有利于中国农业生产的温室气体减排。这与大豆进口增加和玉米出口缩减呈显著的正向关系。因此，1991—2008年，中国农产品对外贸易的结构变化净减排58.36万吨CO_2当量，表明中国农产品对外贸易结构的优化呈现出显著的温室气体排放负效应，即有利于国内农业生产的温室气体减排。

6.3.2 技术效应

如表6-4所示，相对于1991—1993年，2006—2008年中国某些农产品的温室气体排放强度不降反升。例如，稻谷、花生、棉花的排放强度分别提升了32.34%、29.32%和48.51%；肉牛、家禽、羊的排放强度分别提升了19.03%、51.76%、82.26%。就畜产品而言，随着人们收入水平的提高，畜禽的消费结构日益多样化，促使肉牛、羊、家禽类畜产品的生产规模日益扩大；就农作物而言，为提升某些经济作物的产量，农业生产者大量使用化肥、农药等生产要素，加上中国农业生产的环境规制措施不完善，先进农业生产技术的更新和传播速度缓慢，导致贸易引起的农业技术进步的减排效果不明显。

表6-4 1991—2008年中国主要农产品出口贸易的技术效应

品种	x_i (亿元) 1991—1993	s_i 1991—1993	e_i (吨/百万元) 1991—1993	e_i (吨/百万元) 2006—2008	e_i 变化率	$\triangle e_i$ (吨/百万元)	$s_i \times \triangle e_i \times X$ (万吨)
稻谷	12.56	5.82%	175.77	232.62	32.34%	56.85	7.13
小麦	0.01	0.01%	48.99	39.62	−19.12%	−9.37	−0.01
玉米	56.42	26.18%	51.24	39.86	−22.21%	−11.38	−6.42
大豆	9.86	4.57%	123.56	103.93	−15.89%	−19.63	−1.93
花生	10.71	4.97%	9.79	12.66	29.32%	2.87	0.31
棉花	18.92	8.78%	6.04	8.97	48.51%	2.93	0.55
甘蔗	26.73	12.40%	4.09	4.37	6.85%	0.28	0.07
蔬菜	31.74	14.73%	13.71	10.67	−22.17%	−3.04	−0.97
生猪	21.95	10.18%	62.30	58.99	−5.31%	−3.31	−0.72
肉牛	9.16	4.25%	60.37	71.86	19.03%	11.49	1.05
家禽	16.23	7.53%	4.27	6.48	51.76%	2.21	0.36
奶牛	0.45	0.21%	49.73	37.04	−25.52%	−12.69	−0.06
羊	0.80	0.37%	83.07	151.40	82.26%	68.33	0.55
总计	215.54						−0.09

资料来源：根据1992年至2009年《中国统计年鉴》、《中国对外经济贸易年鉴》和《中国商务年鉴》计算。

　　就技术效应而言，1991—2008年，中国农产品出口贸易因技术进步速度缓慢仅减排温室气体0.09万吨CO_2当量，表明技术进步虽然促使中国出口贸易呈现温室气体排放负效应，但是其减排效果并不明显，这与中国农业生产的技术进步速度缓慢的现实基本一致。此外，技术进步速度缓慢，还制约着国内农产品进口的减排效果，累计少减排4.55万吨CO_2当量（见表6-5）。因此，1991—2008年，中国农产品对外贸易因农业生产的技术进步速度缓慢累计少减排4.46万吨CO_2当量，表明中国农产品对外贸易的技术效应减排效果不显著，即不利于国内农业生产的温室气体减排。

表6-5　1991—2008年中国主要农产品进口贸易的技术效应

品种	Y_i（亿元）1991—1993	r_i	e_i（吨/百万元）		e_i变化率	$\triangle e_i$（吨/百万元）	$r_i \times \triangle e_i \times Y$（万吨）
			1991—1993	2006—2008			
稻谷	1.36	1.45%	175.77	232.62	32.34%	56.85	0.73
小麦	56.75	60.44%	48.99	39.62	−19.13%	−9.37	−4.99
玉米	0.00	0.00%	51.24	39.86	−22.21%	−11.38	0.00
大豆	3.85	4.10%	123.56	103.93	−15.89%	−19.63	−0.71
花生	0.10	0.11%	9.79	12.66	29.32%	2.87	0.01
棉花	18.65	19.86%	6.04	8.97	48.51%	2.93	0.51
甘蔗	11.87	12.64%	4.09	4.37	6.85%	0.28	0.03
蔬菜	0.00	0.00%	13.71	10.67	−22.17%	−3.04	0.00
生猪	0.01	0.01%	62.30	58.99	−5.31%	−3.31	0.00
肉牛	0.09	0.09%	60.37	71.86	19.03%	11.49	0.01
家禽	0.01	0.01%	4.27	6.48	51.76%	2.21	0.00

品种	Y_i (亿元)	r_i	e_i (吨/百万元)		e_i 变化率	$\triangle e_i$ (吨/百万元)	$r_i \times \triangle e_i \times Y$ (万吨)
	1991—1993		1991—1993	2006—2008			
奶牛	1.21	1.29%	49.73	37.04	−25.52%	−12.69	−0.14
羊	0.00	0.00%	83.07	151.40	82.26%	68.33	0.00
总计	93.90						−4.55

资料来源：根据1992年至2009年《中国统计年鉴》、《中国对外经济贸易年鉴》和《中国商务年鉴》计算。

因此，为了减缓农业生产的温室气体减排压力，中国应建立和完善农业生产的环境规制措施，以督促农业生产者（或企业）加大国外先进农业生产技术的引进力度，加快农业生产技术的革新步伐，从而提高农产品贸易开放对农业生产的温室气体减排的技术正效应。

6.3.3 规模效应

对外贸易对环境影响的规模效应包含直接和间接两个方面（李怀政，2010）。本书仅研究直接规模效应，即农产品对外贸易规模变化所导致的中国农业生产温室气体排放量的变化。

1991—2008年，中国主要农产品的出口贸易额从215.54亿元增加到252.21亿元，增长17.01%（见表6-6）；主要农产品的进口贸易额也在不断增加，从93.90亿元增加到751.41亿元，增长了约7倍（见表6-7）。与1991—1993年相比，2006—2008年中国主要农产品品种的出口规模有增有减。其中，小麦增长最快，增幅达1 516%；其次是奶制品（奶牛），增幅达1 384.44%；棉花、甘蔗等农产品的出口规模有所缩减，如棉花、甘蔗分别减少94.45%、93.98%（见表6-6）。但是，同时期的中国主要农产品品种的进口规模均有所增加。其中，大豆的增幅最大，为540.37亿元；其次为棉花，增加了138.12亿元（见表6-7）。

表6-6 1991—2008年中国主要农产品出口贸易的规模效应

品种	X_i（亿元）		S_i		x_i 变化率	e_i 1991—1993	$s_i \times e_i \times \triangle X$（万吨）
	1991—1993		2006—2008				
稻谷	12.56	5.82%	15.36	6.09%	22.29%	175.77	37.51
小麦	0.01	0.01%	15.17	6.01%	1 516.00%	48.99	0.02
玉米	56.42	26.18%	16.01	6.35%	−71.62%	51.24	49.19
大豆	9.86	4.57%	11.59	4.59%	17.55%	123.56	20.71
花生	10.71	4.97%	8.82	3.49%	−17.65%	9.79	1.78
棉花	18.92	8.78%	1.05	0.42%	−94.45%	6.04	1.94
甘蔗	26.73	12.40%	1.61	0.64%	−93.98%	4.09	1.86
蔬菜	31.74	14.73%	141.38	56.06%	345.43%	13.71	7.41
生猪	21.95	10.18%	21.25	8.43%	−3.19%	62.30	23.26
肉牛	9.16	4.25%	4.05	1.61%	−55.79%	60.37	9.41
家禽	16.23	7.53%	7.07	2.80%	−56.44%	4.27	1.18
奶牛	0.45	0.21%	6.68	2.65%	1 384.44%	49.73	0.38
羊	0.80	0.37%	2.17	0.86%	171.25%	83.07	1.13
总计	215.54		252.21				155.78

资料来源：根据1992年至2009年《中国统计年鉴》、《中国对外经济贸易年鉴》和《中国商务年鉴》计算。

表6-7　1991—2008年中国主要农产品进口贸易的规模效应

品种	Y_i（亿元）		r_i		$\triangle Y_i$	e_i 1991—1993	$r_i \times e_i \times \triangle Y$（万吨）
	1991—1993		2006—2008				
稻谷	1.36	1.45%	8.32	1.11%	6.96	175.77	16.76
小麦	56.75	60.44%	3.54	0.47%	−53.21	48.99	194.69
玉米	0.00	0.00%	0.33	0.04%	0.33	51.24	0.00
大豆	3.85	4.10%	540.37	71.91%	536.52	123.56	33.31
花生	0.10	0.11%	0.35	0.05%	0.25	9.79	0.07
棉花	18.65	19.86%	138.12	18.38%	119.47	6.04	7.89
甘蔗	11.87	12.64%	14.58	1.94%	2.71	4.09	3.41
蔬菜	0.00	0.00%	4.48	0.60%	4.48	13.71	0.00
生猪	0.01	0.01%	5.03	0.67%	5.02	62.30	0.04
肉牛	0.09	0.09%	0.38	0.05%	0.29	60.37	0.36
家禽	0.01	0.01%	23.07	3.07%	23.06	4.27	0.01
奶牛	1.21	1.29%	10.62	1.41%	9.41	49.73	4.22
羊	0.00	0.00%	2.22	0.30%	2.22	83.07	0.00
总计	93.90		751.41				260.76

　　资料来源：根据1992年至2009年《中国统计年鉴》、《中国对外经济贸易年鉴》和《中国商务年鉴》计算。

就规模效应而言，1991—2008 年，农产品出口规模扩大导致的中国农业生产的温室气体排放量大幅增加。其中，以玉米为最，增加 49.19 万吨 CO_2 当量；稻谷次之，增加 37.51 万吨 CO_2 当量。中国农产品出口的规模效应累计增加 155.78 万吨 CO_2 当量，说明中国农产品出口规模扩大呈现出显著的温室气体排放正效应。与此同时，农产品进口规模扩大导致的中国农业生产的温室气体减排量也大幅增加。其中，以小麦为最，减排 194.69 万吨 CO_2 当量；大豆次之，减排 33.31 万吨 CO_2 当量。中国农产品进口规模的扩大累计减排 260.76 万吨 CO_2 当量，说明中国农产品的进口规模扩大呈现出显著的温室气体排放负效应。因此，1991—2008 年，中国农产品对外贸易的规模扩大累积净减排 104.98 万吨 CO_2 当量，表明中国农产品对外贸易的规模变化呈现出显著的温室气体排放负效应。

6.4　本章小结

受 Grossman 等（1991）、Chai（2002）和李怀政（2010）的研究成果启发，通过构建农产品进出口贸易环境效应的分解模型，实证分析了 1991—2008 年中国主要进出口农产品的温室气体排放效应。研究的主要结论如下：

就结构效应而言，由于农产品进出口份额的变化，分别减排温室气体 50.91 万吨和 7.45 万吨 CO_2 当量，表明中国农产品对外贸易结构的优化呈现出显著的温室气体排放负效应。就技术效应而言，中国出口农产品因技术进步仅减排温室气体 0.09 万吨 CO_2 当量，表明技术进步的减排效果并不明显；同时期的中国农产品进口贸易因国内农业技术进步速度缓慢，少减排温室气体 4.55 万吨 CO_2 当量，表明中国农产品对外贸易对国内温室气体减排呈现出显著的技术负效应，即不利于国内农业生产的温室气体减排。就规模效应而言，农产品出口规模扩大导致的中国农业生产的温室气体排放量大幅增加，中国农产品出口贸易累计增加 155.78 万吨 CO_2 当量；与此同时，农产品进口规模扩大导致的中国农业生产的温室气体减排量也大幅增加，中国农产品进口贸易累计减排 260.76 万吨 CO_2 当量，表明中国农产品对外贸易对国内温室气体排放呈现出显著的规模负效应。

总体而言，1991—2008 年，中国主要农产品进出口贸易呈现出显著的温室气体排放负效应，即累计净减排 158.88 万吨 CO_2 当量，表明主要农产品进出口有利于中国农业生产的温室气体减排。

在厘清中国主要进出口农产品的温室气体排放效应之后，需要弄清楚的是农产品对外贸易的开放程度是否会显著影响中国农业生产的温室气体排放量？如果有影响，那么影响的程度和方向如何？弄清以上问题，可以为我们采取合适的外贸策略提供理论参考。

7 农产品贸易开放度对中国农业生产温室气体排放影响的实证分析

——基于省际面板数据

中国于2001年12月11日加入WTO，承诺通过扩大市场准入、取消出口补贴和调整国内支持政策等途径，促进农产品的贸易自由化。中国农产品贸易格局的变化，不仅促使国内的农业经济和农村面貌发生变化，而且可能会通过对农业生产结构的调整进而影响农村生态环境。国内学者研究发现，在种植业产品的贸易自由化中，进口渗透作用对缓解国内化肥、农药污染影响显著，而出口导向作用影响不明显（张凌云等，2005）。就地区而言，中国农业生产存在明显的区域分布特征，中部和东北地区为粮食主产区、中西部地区为畜牧业主产区。此外，中国农产品的进出口贸易也存在明显的区域分布特征，中东部地区的农产品对外贸易份额较大、西部地区对外贸易的份额较小。因此，中国农产品的贸易自由化对国内各地区农业生产温室气体排放的影响会存在差异。针对这一问题，国内学者代金贵（2009）以化肥为例，按照东、中、西部的划分，利用江苏、浙江等30个省份2003年至2006年的面板数据，就农业贸易自由化对农业环境在不同地区的影响进行了实证分析。

在农业生产过程中除投入化肥以外，还大量使用农药、农膜、柴油等生产要素，它们在生产过程中排放的温室气体量存在差异，因而需要用一个更科学的环境变量，并利用地区面板数据，来统一衡量农产品贸易开放度对中国农业环境的影响。因此，本章借助 Grossman 和 Krueger（1995）提出的经济增长与环境关系的经典计量模型，并引入贸易开放度和农业环境变量（温室气体排放量），利用省际面板数据，实证分析农产品贸易开放度对中国农业生产温室气体排放的影响。

7.1 计量模型、指标选取和数据来源

7.1.1 计量模型

Grossman 和 Krueger（1995）在关于经济增长与环境关系的研究中，构建了经典的计量模型，模型的具体形式如下：

$$E_{it} = a_o + a_1 Y_{it} + a_2 V_i + a_3 T_t + e_{it} \qquad (7\text{-}1)$$

$$E_{it} = a_o + a_1 Y_{it} + a_2 Y_{it}^2 + a_3 V_i + a_4 T_t + e_{it} \qquad (7\text{-}2)$$

$$E_{it} = a_o + a_1 Y_{it} + a_2 Y_{it}^2 + a_3 Y_{it}^3 + a_4 V_i + a_5 T_t + e_{it} \qquad (7\text{-}3)$$

式中，E_{it} 为第 i 国在第 t 年的环境压力变量，反映环境质量水平；Y_{it} 为第 i 国在第 t 年的人均收入水平；Y_{it}^2 为第 i 国在第 t 年的人均收入水平的平方；V_i 为影响第 i 国环境压力的其他因素；T_t 为时间趋势变量；e_{it} 为误差项。上述模型可以表示经济增长与环境压力之间的三种关系，分别为线性关系（式7–1）、倒 U 型关系（式7–2）和 N 型关系（式7–3）。

目前，国内外学术界普遍认为经济增长与环境压力之间存在倒 U 型关系，而对于二者是否存在 N 型关系至今仍存在较大争议。此外，Grossman 和 Krueger（1994）、Grossman 和 Krueger（1995）、Shafik 和 Bandyopadyay（1992）、张凌云等（2005）和代金贵（2009）等将变量 V_i 表示为贸易开放度，用于研究贸易开放和环境之间的关系，本书也采用这一方法。因此，在此基础上构建农产品贸易对生态环境影响的计量模型，重点考察农产品贸易开放度对中国农业生产温室气体排放的影响。农产品贸易开放度的指标表示为：农产品的进口渗透率（即农产品进口额与国内农业总产值的比值）和农产品的出口导向率（即农产品出口额与国内农业总产值的比值）。模型的具体形式如下：

$$Q_{it} = a_o + a_1 Y_{it} + a_2 Y_{it}^2 + a_3 F_{1it} + a_4 F_{2it} + a_5 T_t + e_{it} \qquad (7\text{-}4)$$

式中，Q_{it} 为第 i 省第 t 年农业生产的温室气体排放量（表示农村环境压力变量）；Y_{it}、Y_{it}^2 分别表示第 i 省第 t 年的农村实际收入水平和农村实

际收入水平的平方；F_{1it}、F_{2it} 分别表示第 i 省第 t 年农产品的出口导向率和进口渗透率；T_t 为时间趋势变量；e_{it} 为误差项。

7.1.2 指标选取

本研究选取农业生产的温室气体排放量作为因变量来反映农村环境的状况，因为温室气体排放量的增加或减少可以直接反映出农村的生态环境状况。农村实际收入水平与农业生产的温室气体排放量之间存在倒 U 型关系，因为当农村收入水平较低时，为增加收入水平，农户选择增加化肥、农药等生产要素的投入，可能会增加温室气体排放量；当收入水平较高时，其环境保护意识不断增强，可能会采用低碳、环保的农业生产技术，进而减少农业生产的温室气体排放量。因此，公式中引入农村实际收入水平、农村实际收入水平的平方（Y_{it}、Y_{it}^2）作为自变量。贸易开放度由出口导向率和进口渗透率构成，出口导向率的提升即增加国内农产品的出口规模，可能会带来国内农业生产规模的扩大，进而增加化肥等农业生产要素的投入，促使农业生产的温室气体排放量增加；进口渗透率的提升即增加农产品的进口规模，可能会导致国内农业生产规模缩减，进而使农业生产的温室气体排放量减少。时间趋势变量表示随着时间变化会对农业生产的温室气体排放量产生影响的因素，如土壤肥力和病虫害等。

7.1.3 数据来源

受数据制约，本章考察时间仅为 1994—2008 年。各省历年农业生产的温室气体（CH_4、N_2O 和 CO_2）排放量来自本书第六章所得数据；各省历年农村实际收入水平数据（即农村居民人均家庭经营纯收入）、农业生产总值（即农林牧渔生产总值）来自 1995 年至 2009 年《中国统计年鉴》；各省历年农产品的进出口贸易额来自 1995 年至 2009 年《中国农业年鉴》，并根据各年汇率将美元折算为人民币，历年美元对人民币汇率来自 2009 年《中国统计年鉴》；时间趋势变量以自然年度值代替。

7.2 计量方法、回归结果及分析

7.2.1 计量方法

7.2.1.1 单位根检验

采用既含截面数据（30个省份），又含时间序列数据（1994—2008年）的面板数据，原因在于：面板数据有更大的样本数量和较大的自由度；同时，面板数据是截面和时序变量的结合，具备截面和时序的二维特性，能够显著地减少缺省变量带来的统计误差问题，还可以反映各地区之间的差异。但是，在进行计量分析之前，需要对面板数据的各个变量进行单位根检验，判断其序列是否平稳。具体模型如下：

$$y_{it} = \rho_i y_{i,t-1} + x_{it}\delta_i + v_{it} \qquad\qquad i = 1, 2\cdots, N; t = 1, 2\cdots, T \qquad (7-5)$$

式中，N 表示截面总数；T 表示第 i 个截面的时期总数；x_{it} 表示模型中的外生变量，包含截面中固定效应或时间趋势；V_{it} 为相互独立的随机扰动项；ρ_i 表示自回归系数。若 $|\rho_i| < 1$，则说明序列 y_i 是平稳的；若 $|\rho_i| = 1$，则说明序列 y_i 包含单位根[①]。面板的单位根检验主要有 LLC 检验、Breitung 检验、IPS 检验、Fisher–ADF 检验和 Fisher–PP 检验等五种方法，检验结果如表7–1所示。

表7–1　各变量面板单位根检验结果

变量	LLC 检验	Breitung 检验	IPS 检验	Fisher–ADF 检验	Fisher–PP 检验
Q	−2.684 66 (0.003 60)	−1.286 36 (0.099 20)	3.509 33 (0.999 80)	56.389 70 (0.385 70)	60.749 20 (0.245 80)
DQ	−15.178 90 (0.000 00)	−5.950 80 (0.000 00)	−12.975 70 (0.000 00)	243.418 00 (0.000 00)	319.488 00 (0.000 00)
DDQ	−17.551 30 (0.000 00)	−9.142 79 (0.000 00)	−15.940 40 (0.000 00)	288.237 00 (0.000 00)	536.022 00 (0.000 00)

---

① 易丹辉. 数据分析与 EViews 应用[M]. 北京：中国人民大学出版社，2008.

变量	LLC检验	Breitung检验	IPS检验	Fisher–ADF检验	Fisher–PP检验
Q_1	−3.520 26 (0.000 20)	1.667 12 (0.952 30)	−0.780 63 (0.217 50)	75.083 00 (0.030 40)	42.062 40 (0.881 20)
DQ_1	−7.400 98 (0.000 00)	−6.852 59 (0.000 00)	−6.210 52 (0.000 00)	133.717 00 (0.000 00)	112.985 00 (0.000 00)
DDQ_1	−14.783 20 (0.000 00)	−4.652 86 (0.000 00)	−11.602 20 (0.000 00)	235.423 00 (0.000 00)	319.809 00 (0.000 00)
Y	4.199 09 (1.000 00)	1.074 18 (0.858 60)	6.954 69 (1.000 00)	9.292 40 (1.000 00)	12.165 20 (1.000 00)
DY	−13.576 10 (0.000 00)	−5.829 75 (0.000 00)	−10.474 20 (0.000 00)	201.924 00 (0.000 00)	269.604 00 (0.000 00)
DDY	−22.440 90 (0.000 00)	−13.372 90 (0.000 00)	−19.633 40 (0.000 00)	351.446 00 (0.000 00)	493.986 00 (0.000 00)
Q_2	−5.389 40 (0.000 00)	0.612 14 (0.729 80)	−4.369 34 (0.000 00)	110.316 00 (0.000 00)	114.486 00 (0.000 00)
DQ_2	−25.708 60 (0.000 00)	−16.892 60 (0.000 00)	−20.348 20 (0.000 00)	363.218 00 (0.000 00)	396.146 00 (0.000 00)
DDQ_2	−17.492 40 (0.000 00)	−11.001 40 (0.000 00)	−19.461 70 (0.000 00)	351.575 00 (0.000 00)	522.661 00 (0.000 00)
Y^2	11.715 20 (1.000 00)	7.637 63 (1.000 00)	12.263 70 (1.000 00)	6.467 73 (1.000 00)	6.585 21 (1.000 00)
DY^2	−9.482 83 (0.000 00)	−3.726 36 (0.000 10)	−7.377 28 (0.000 00)	157.760 00 (0.000 00)	198.835 00 (0.000 00)
DDY^2	−22.846 60 (0.000 00)	−9.702 39 (0.000 00)	−19.185 40 (0.000 00)	343.618 00 (0.000 00)	461.549 00 (0.000 00)
F_1	−10.571 90 (0.000 00)	−0.243 20 (0.403 90)	−7.761 93 (0.000 00)	169.749 00 (0.000 00)	214.094 00 (0.000 00)
DF_1	−12.647 10 (0.000 00)	−1.688 36 (0.045 70)	−10.178 70 (0.000 00)	200.468 00 (0.000 00)	274.940 00 (0.000 00)
DDF_1	−23.941 80 (0.000 00)	−8.386 48 (0.000 00)	−20.026 90 (0.000 00)	355.310 00 (0.000 00)	486.181 00 (0.000 00)
F_2	−18.426 90 (0.000 00)	−0.525 98 (0.299 50)	−5.851 60 (0.000 00)	114.803 00 (0.000 00)	119.346 00 (0.000 00)

变量	LLC检验	Breitung检验	IPS检验	Fisher-ADF检验	Fisher-PP检验
DF$_2$	−14.670 90 (0.000 00)	−5.413 57 (0.000 00)	−13.736 60 (0.000 00)	254.348 00 (0.000 00)	270.611 00 (0.000 00)
DDF$_2$	−28.136 90 (0.000 00)	−5.540 09 (0.000 00)	−25.594 70 (0.000 00)	416.388 00 (0.000 00)	569.968 00 (0.000 00)

数据来源：根据本研究模型回归结果整理，括号内为P值。

检验结果表明，各变量的原始数据并不平稳，在对其取一阶差分后，仍有少数变量未通过检验，需进行二阶差分。最终结果表明各变量均通过了数据的平稳性检验，可以对各面板数据进行计量分析。

7.2.1.2　面板模型选择

在面板数据估计上，首先需通过F检验来选择混合回归模型或个体固定效应模型，其次通过Hausman检验对固定效应模型和随机效应模型进行甄别。F检验的原假设和备择假设是：

H$_0$：$\alpha_1 = \alpha_0$（不同个体的截距相同）。

H$_1$：$\alpha_1 \neq \alpha_0$（不同个体的截距不同）。

F统计量定义为：

$$F = \frac{(S_2 - S_1)(n-1)}{S_1/(nT-n-k)} \sim F[(n-1), nT-n-k] \tag{7-6}$$

式中，S_2 和 S_1 分别表示混合效应估计模型和个体固定效应回归模型的残差平方和。

Hausman检验的原假设和备择假设是：

H$_0$：个体效应与回归变量不相关。

H$_1$：个体效应与回归变量相关。

Hausman统计量定义为：

$$H = \frac{(\beta_1 - \beta_2)^2}{s(\beta_1)^2 - s(\beta_2)^2} \tag{7-7}$$

式中，β_1、β_2 分别表示个体固定效应和个体随机效应回归模型的参数估计量；$s(\beta_1)$、$s(\beta_2)$ 分别表示个体固定效应和个体随机效应回归模型的参数估计量对应的标准误差。

7.2.2 回归结果及分析

通过 F 检验和 Hausman 检验，并根据其检验结果，本研究最终采用个体随机效应回归模型进行分析，模型运行结果如表 7-2 所示。

表 7-2　贸易开放度对中国农业生产温室气体排放影响的回归结果

变量	系数			T值		
	CO_2	CH_4	N_2O	CO_2	CH_4	N_2O
常数项	−7 869.859***	807.089 2***	−32.307 58**	−9.103 667	2.968 313	−2.333 648
实际收入	0.041 217***	0.021 462***	0.000 753***	3.281 482	5.432 363	3.742 470
实际收入平方	−3.56E−06	−4.21E−06***	−1.77E−07***	−1.281 212	−4.815 938	−3.970 726
出口导向率	48.473 09**	−4.924 834	−0.339 213	2.128 614	−0.687 554	−0.930 036
进口渗透率	−25.375 15***	0.481 476	−0.227 042*	−2.981 508	0.179 865	−1.665 863
时间趋势变量	4.003 039***	−0.380 080***	0.017 317**	9.172 872	−2.768 935	2.477 638

注：*、**、***分别表示在10%、5%、1%水平上显著。

模型中各参数的估计结果及解释如下：

（1）中国农村实际收入与国内农业生产的温室气体排放量基本呈倒U形关系，这一结论与张凌云等（2005）和代金贵（2009）的研究结论基本一致。这表明为增加农村收入水平，农业生产者会通过提高农业生产规模、增加农业生产要素投入等手段，增加农业生产的化肥、农药等使用量和畜牧业生产规模，从而增加农业生产的 CO_2、CH_4 和 N_2O 排放量；当收入水平达到一定程度时，人们的环境保护意识会不断增强，这就要求政府制定更严格的环境保护措施，促使农业生产者加速技术革新，采用更低碳、环保的农业生产技术，从而有利于减少农业生产的 CO_2、CH_4 和 N_2O 排放量。

（2）中国农业生产的CO_2排放量模型回归结果显示，农产品出口导向率的模型参数估计值约为48.47，表明农产品出口贸易每增加一个单位会导致农业生产的CO_2排放量增加48.47个单位；而进口渗透率的模型参数估计值约为−25.38，表明农产品进口贸易每增加一个单位会导致农业生产的CO_2排放量减少25.38个单位。其主要原因在于：从中国农产品进出口贸易的种类来看，出口中占优势的主要是蔬菜等劳动密集型产品，它们的出口量不断增加带来国内农业生产规模的扩大，例如，蔬菜播种面积从1994年的8 920.70千公顷增加到2008年的17 876.00千公顷。进口中占优势的主要是大豆、棉花、油料等土地密集型产品，它们的进口量增加会导致其国内播种面积有所缩减，例如，大豆播种面积从1994年的9 221.90千公顷下降到2008年的9 126.90千公顷。

（3）中国农业生产的CH_4和N_2O排放量模型回归结果显示，除N_2O排放量的农产品进口渗透率呈微弱显著以外，农产品的贸易开放度对中国农业生产的CH_4和N_2O排放量的影响并不明显。这可能是因为中国畜牧业生产过程中，畜禽排放的温室气体量占中国农业生产的CH_4和N_2O排放总量的半数以上，而且畜禽温室气体排放量所占份额还呈上升趋势（见表6-11），但是，在中国农产品的进出口贸易额中，畜产品所占的份额甚微，2008年仅为1.03%，因此，农产品的出口导向率和进口渗透率对中国农业生产的CH_4和N_2O排放量的影响不显著。

（4）就时间趋势变量而言，除CH_4排放量外，中国农业生产中的CO_2和N_2O排放量都会随着自然年度的递增而增加。这可能是由农业生产者为追求农业增产不断追加化肥、农药等的使用，以及土壤肥力下降和农田中害虫生物抗药性增强所致。

7.3　本章小结

借助Grossman 和 Krueger（1995）提出的经济增长与环境关系的经典计量模型，引入出口导向率和进口渗透率指标来反映农产品的贸易开放度，将农业生产的温室气体（CH_4、CO_2和N_2O）排放量作为农业环境变量，根据省际面板数据，实证分析了农产品贸易开放度对中国农业生产温室气体排放的影响。研究结论如下：

（1）中国农村实际收入水平与国内农业生产的温室气体排放量基本呈倒U型关系，表明为增加农村收入水平，农业生产者会通过提高农业生产规模、增加农业生产要素投入等手段，增加农业生产的化肥、农药等使用量和畜牧业生产规模，从而增加农业生产的CO_2和CH_4排放量；当收入水平达到一定程度时，人们的环境保护意识会不断增强，这就要求政府制定更严格的环境保护措施，促使农业生产者加速技术革新，采用更低碳、环保的农业生产技术，从而有利于减少农业生产的温室气体排放量。

（2）农产品出口导向率和进口渗透率对农业生产的CO_2排放量影响显著。农产品出口导向率的提升会增加国内农业生产的CO_2排放量，而进口渗透率的提升则会减少国内农业生产的CO_2排放量。然而，农产品的贸易开放度对中国农业生产的CH_4和N_2O排放量的影响并不明显。

（3）就时间趋势变量而言，除CH_4排放量外，中国农业生产中的CO_2和N_2O排放量都会随着自然年度的递增而增加。可能的原因是：由于土壤肥力下降和农田中害虫生物抗药性增强，农业化肥和农药等使用强度会随着自然年度的递增而增加。

8 研究结论及政策建议

8.1 研究结论

本书总体目标是在测算中国农业生产的温室气体排放总量的基础上，考察农产品对外贸易对中国农业生产温室气体排放的影响。围绕这一目标，首先厘清了中国农产品进出口贸易格局及结构演变现状；其次，通过构建合理的测算模型，定量测算中国及各地区农业生产的温室气体排放量；再次，基于以上数据和事实，借鉴Grossman（1991）等的研究成果，构建效应分解模型，实证分析中国主要进出口农产品的温室气体排放效应；最后，通过改进经济增长与环境关系的经典计量模型，实证探讨农产品贸易开放度对中国农业生产温室气体排放的影响。本书的主要研究结论如下：

（1）20世纪90年代以来，中国农产品进出口贸易格局及结构发生了显著变化，具体表现为：①农产品进出口贸易在商品对外贸易中的地位不断下降，农产品对外贸易的创汇能力明显减弱，而且这一趋势日益明显；②中国农产品对外贸易的产品结构表现为出口贸易以蔬菜、水果等劳动密集型农产品为主，进口贸易则以棉花、大豆等土地密集型农产品为主；③中国农产品进出口市场集中度不断降低，农产品的进出口市场分布日趋合理化和多元化；④中国农产品进出口贸易的区域集中度较高，农产品进口贸易的区域集中度要高于农产品出口贸易；⑤中国农产品进出口贸易的主体结构向多元化转变，日趋合理。

（2）1991—2008年，中国农业生产的温室气体排放量呈现上升趋势，地区分布不均现象明显。①就种植业而言，1991—2008 年，中国水稻的 CH_4 排放量呈下降趋势，从 1991 年的 999.50 万吨下降到 2008 年的 931.44 万吨；而同期的 N_2O 和 CO_2 排放量却逐年升高，N_2O 排放量从 1991 年的 34.67 万吨上升到 2008 年的 48.74 万吨，CO_2 排放量从 1991 年的 4 019.48 万吨增加到 2008 年的 7 785.87 万吨。②就畜牧业而言，1991 年以来，中国畜牧业 CH_4 和 N_2O 排放量均呈先升后降的趋势。1991—2006 年，CH_4 和 N_2O 排放量分别从 1991 年的 765.53 万吨、35.32 万吨上升到 2006 年的 1 111.43 万吨、55.93 万吨。此后，CH_4 和 N_2O 排放量又分别下降到 2008 年的 900.74 万吨、46.90 万吨。③就中国农业温室气体排放的结构特征而言，种植业所占份额不断缩减、畜牧业所占份额呈增加趋势。④从农业生产温室气体排放的地区特征来看，1991—2008 年，中国农业生产的温室气体排放集中度较高。其中，四川、湖南、江苏、河南和安徽等农业大省的温室气体排放量一直位居全国前列，这与各地区的农业生产结构密不可分。

（3）中国主要进出口农产品的温室气体排放效应分解结果如下：① 就结构效应而言，1991—2008 年，由于农产品进出口份额的变化，分别减排温室气体 50.91 万吨和 7.45 万吨 CO_2 当量，表明中国农产品对外贸易结构的优化呈现出显著的温室气体排放负效应。②就技术效应而言，由于农业生产的技术进步速度缓慢，1991—2008 年，中国出口农产品仅减排温室气体 0.09 万吨 CO_2 当量，表明技术进步的减排效果并不明显；同时期的中国农产品进口贸易少减排温室气体 4.55 万吨 CO_2 当量，表明中国农产品对外贸易对国内温室气体减排呈现出显著的技术负效应。③就规模效应而言，1991—2008 年，农产品出口规模扩大导致的温室气体排放量大幅增加，中国农产品出口贸易累计增加温室气体 155.78 万吨 CO_2 当量；与此同时，农产品进口规模扩大导致的温室气体减排量也大幅增加，中国农产品进口贸易累计减排温室气体 260.76 万吨 CO_2 当量，表明农产品对外贸易对中国国内温室气体排放表现为出显著的规模负效应。因此，1991—2008 年，中国主要农产品进出口贸易整体表现为显著的温室气体排放负效应，即有利于国内农业生产的温室气体减排。

（4）农产品贸易开放度对中国农业生产的不同温室气体排放品种影

响不同。具体而言：①农产品出口导向率和进口渗透率对农业生产的CO_2排放量影响显著。农产品出口导向率的提升会增加国内农业生产的CO_2排放量，而进口渗透率的提升则会减少国内农业生产的CO_2排放量。然而，农产品的贸易开放度对中国农业生产的CH_4和N_2O排放量的影响并不明显。②中国农村实际收入水平与国内农业生产的温室气体排放量呈倒U型关系。这表明当农村收入水平较低时，为增加收入水平，农业生产者会通过提高农业生产规模、增加农业生产要素投入等手段，增加化肥、农药等使用量和畜牧业生产规模，从而增加农业生产的温室气体排放量；当收入水平达到一定程度时，人们的环境保护意识会不断增强，这就要求政府制定更严格的环境保护措施，促使农业生产者加速技术革新，采用更低碳、环保的农业生产技术，从而有利于减少农业生产的温室气体排放量。③就时间趋势变量而言，除CH_4排放量外，中国农业生产中的CO_2和N_2O排放量都会随着自然年度的递增而增加。

8.2　政策建议

（1）建立和完善农业生产的环境规制措施，提升农产品对外贸易的技术正效应。研究结果表明，中国农业生产的环境规制措施不完善，使得农产品对外贸易引起的国外先进农业生产技术更新和传播速度缓慢，进而导致农产品对外贸易引起的技术进步的减排效果不明显。因此，为了减缓农业生产的温室气体排放压力，我国应建立、健全相关的环境规制措施，以提升农业生产者对国外先进农业技术的引进力度和采纳意愿，尽可能地降低化肥、农药等的施用强度，并提高畜禽粪便等农业废弃物的利用程度，进而实现农产品贸易开放对农业生产温室气体减排的技术正效应。

（2）内部化农业生产的环境成本，减少农业生产的温室气体排放。实证分析表明，中国农村实际收入水平与国内农业生产的温室气体排放量基本呈倒U型关系，即在农村居民人均家庭经营纯收入较低时，农业生产者为增加其农业收入水平，在土地资源有限和环境规制措施不健全的情况下，往往通过增加化肥、农药等的施用强度和扩大畜禽的饲养规模来实现，导致农业生产的温室气体排放量随着收入水平的提高而不断增加。因此，消除化肥、农药等农药生产要素的价格扭曲，征收农业生产的环境税，内部化农业生产的环境成本，用经济的手段引导农民减少化肥、农药等的施用量，并充分利用畜禽粪便等农业废弃物，从而减少农业生产过程中的温室气体排放。

（3）在保障粮食安全的前提下，增加农产品的进口。研究结果表明，农产品的进口可以减缓我国农业生产的温室气体排放压力。但是，为了避免农产品的大量进口对国内农产品价格乃至农业生产的冲击，以及减缓农产品大规模进口带来的国际舆论压力，应该在保障我国粮食安全的前提下，为协调农产品对外贸易政策与环境政策的一致性，放松农产品的进口控制，特别是增加高排放强度农产品的进口，实现国内农业生产的温室气体减排。

（4）优化农产品的出口结构，扩大农产品对外贸易的结构正效应。实证分析表明，中国农产品对外贸易结构优化呈现出显著的温室气体排放负效应，即有利于国内农业生产的温室气体减排。因此，在增加农产品出口规模以提升农业创汇能力的同时，综合考虑国内资源禀赋和农产品的温室气体排放强度差异等因素，以优化我国农产品的出口贸易结构，扩大农产品出口结构优化产生的温室气体减排效果，实现我国农产品出口贸易和环境改善协调发展。

主要参考文献

巴曙松，吴大义，2010.能源消费、二氧化碳排放与经济增长——基于二氧化碳减排成本视角的实证分析[J].经济与管理研究（6）：5-11，101.

卜伟，刘似臣，李雪梅，等，2009.国际贸易[M].2版.北京：清华大学出版社.

陈宗良，高金和，袁怡，1992.不同农业管理方式对北京地区稻田甲烷排放的影响研究[J].环境科学研究，5（4）：1-7.

程国强，1999.中国农产品贸易：格局与政策[J].管理世界（3）：176-183.

程雁，郑玉刚，2009.我国贸易自由化的环境效应分析——基于"污染避难所"假说与要素禀赋比较优势的检验[J].山东大学学报（哲学社会科学版）（2）：65-70.

代金贵，2009.农业贸易自由化对农业环境的影响分析[D].武汉：华中农业大学.

党玉婷，万能，2007.贸易对环境影响的实证分析——以中国制造业为例[J].世界经济研究（4）：52-57.

董红敏，李玉娥，陶秀萍，等，2008.中国农业源温室气体排放与减排技术对策[J].农业工程学报，24（10）：269-273.

董红敏，林而达，杨其长，1995.中国反刍动物甲烷排放量的初步估算及减缓技术[J].农村生态环境，11（3）：4-7.

董小林，2011.环境经济学[M].2版.北京：人民交通出版社.

杜晓君，吕宏，高红，等，1998.农产品贸易自由化与我国农业发展[J].农业现代化研究，19（4）：228-231.

胡启山，2010.低碳农业　任重道远[J].农药市场信息（2）：1.

胡向东，王济民，2010.中国畜禽温室气体排放量估算[J].农业工程学报，26（10）：247-252.

黄濒仪，2002.稻米贸易自由化对要素需求与环境品质之影响[D].台北：中国文化大学.

黄国宏，陈冠雄，吴杰，等，1995.东北典型旱作农田N_2O和CH_4排放通量研究[J].应用生态学报，6（4）：383-386.

黄季焜，李宁辉，陈春来，1999.贸易自由化与中国农业：是挑战还是机遇[J].农业经济问题（8）：2-7.

黄季焜，徐志刚，李宁辉，2005a.贸易自由化与中国的农业、贫困和公平[J].农业经济问题（7）：9-15.

黄季焜，徐志刚，李宁辉，等，2005b.新一轮贸易自由化与中国农业、贫困和环境[J].中国科学基金（3）：142-146.

李波，张俊飚，李海鹏，2011.中国农业碳排放时空特征及影响因素分解[J].中国人口·资源与环境，21（8）：80-86.

李怀政，2010.出口贸易的环境效应实证研究——基于中国主要外向型工业行业的证据[J].国际贸易问题（3）：80-85.

李秀香，张婷，2004.出口增长对我国环境影响的实证分析——以CO_2排放量为例[J].国际贸易问题（7）：9-12.

李子奈，2000.计量经济学[M].北京：高等教育出版社.

刘剑文，2004.论贸易自由化与我国粮食安全[J].农业经济问题（6）：17-20.

刘培芳，陈振楼，许世远，等，2002.长江三角洲城郊畜禽粪便的污染负荷及其防治对策[J].长江流域资源与环境，11（5）：456-460.

刘宇，黄季焜，杨军，2009.新一轮多哈贸易自由化对中国农业的影响[J].农业经济问题（9）：16-23.

陆文聪，郭小钗，2002.农业贸易自由化对我国环境的影响与对策[J].中国农村经济（1）：46-51.

新能源与低碳行动课题组，2011.低碳经济与农业发展思考[M].北京：中国时代经济出版社.

农业部农产品贸易办公室，农业部农业贸易促进中心，2006.中国农产品
　　贸易发展报告.2006[M].北京：中国农业出版社.

农业部农产品贸易办公室，农业部农业贸易促进中心，2007.中国农产品
　　贸易发展报告.2007[M].北京：中国农业出版社.

农业部农产品贸易办公室，农业部农业贸易促进中心，2008.中国农产品
　　贸易发展报告.2008[M].北京：中国农业出版社.

农业部农产品贸易办公室，农业部农业贸易促进中心，2009.中国农产品
　　贸易发展报告.2009[M].北京：中国农业出版社.

潘志坚，1997.贸易自由化与我国的经济结构调整[J].经济问题（11）：
　　16-18.

邱炜红，刘金山，胡承孝，等，2010.种植蔬菜地与裸地氧化亚氮排放差
　　异比较研究[J].生态环境学报，19（12）：2 982-2 985.

曲如晓，2003.农产品贸易自由化与发展中国家的生态环境[J].山东财政
　　学院学报（5）：72-75.

苏维瀚，宋文质，张桦，等，1992.华北典型冬麦区农田氧化亚氮通量
　　[J].环境化学，11（2）：26-32.

谭砚文，2004.中国棉花生产波动研究[D].武汉：华中农业大学.

唐红侠，韩丹，赵由才，等，2009.农林业温室气体减排与控制技术[M].
　　北京：化学工业出版社.

王丽萍，2007.环境与资源经济学[M].徐州：中国矿业大学出版社.

王明星，李晶，郑循华，1998.稻田甲烷排放及产生、转化、输送机理
　　[J].大气科学，22（4）：600-612.

王少彬，苏维瀚，1993.中国地区氧化亚氮排放量及其变化的估算[J].环
　　境科学，14（3）：42-46.

王智平，1997.中国农田 N_2O 排放量的估算[J].农村生态环境，13（2）：
　　51-55.

伍芬琳，李琳，张海林，等，2007.保护性耕作对农田生态系统净碳释放
　　量的影响[J].生态学杂志，26（12）：2 035-2 039.

徐志刚，2011.比较优势与中国农业生产结构调整[D].南京：南京农业大学.

易丹辉，2008.数据分析与EViews应用[M].北京：中国人民大学出版社：143-144.

于克伟，陈冠雄，杨思河，等，1995.几种旱地农作物在农田N2O释放中的作用及环境因素的影响[J].应用生态学报，6（4）：387-391.

余北迪，2005.我国国际贸易的环境经济学分析[J].国际经贸探索，21（3）：26-30.

喻志军，聂利君，2005.国际贸易[M].北京：中国金融出版社.

张锋，2011.中国化肥投入的面源污染问题研究——基于农户施用行为的视角[D].南京：南京农业大学.

张晖，2010.中国畜牧业面源污染研究——基于长三角地区生猪养殖户的调查[D].南京：南京农业大学.

张连众，朱坦，李慕菡，等，2003.贸易自由化对我国环境污染的影响分析[J].南开经济研究（3）：3-5，30.

张凌云，毛显强，涂莹燕，等，2005.中国种植业产品贸易自由化对环境影响的计量经济分析[J].中国人口·资源与环境，15（6）：46-49.

张玮，张宇馨，2009.国际贸易[M].北京：清华大学出版社.

赵慧娥，2005.农产品贸易自由化对中国农业的影响及对策[J].经济纵横（5）：30-33.

智静，高吉喜，2009.中国城乡居民食品消费碳排放对比分析[J].地理科学进展，28（3）：429-434.

钟钰，2007.中国农产品关税减让与进口的相互关系及经济影响[D].南京：南京农业大学.

周茂荣，祝佳，2008.贸易自由化对我国环境的影响——基于ACT模型的实证研究[J].中国人口·资源与环境，18（4）：211-215.

85-913-04-05攻关课题组，1993.我国稻田甲烷排放量和施用氮肥氧化亚氮排放量的估算[J].农业环境科学学报，12（2）：49-51.

ANDERSON H B，1992. The Standard Welfare Economics of Policies Affecting

Trade and Environment[J]. The Greening of World Trade Issues (9): 42–47.

ANTWEILER W, COPELAND B R, TAYLOR M S, 1998. Is Free Trade Good for the Environment?[R]. NBER Working Paper, No 6707.

AYRES R U, 1996. "Industrial Metabolism" in R. Eblen and W. Eblen eds [C].The Encyclopedia for the Environment, New York: Houghton Mifflin.

CAMBRA- LOPEZ M, 2010. Airborne Particulate Matter from Livestock Production Systems: A Review of an Air Pollution Problem[J].Environmental Pollution, 158 (1): 1–17.

CHICHILNISHY, GEACIELA, 1994.North–South Trade and Global Environment [J].American Economic Review, 84 (4): 851–874.

COPELAND B A, TAYLOR M S, 1994.North- south Trade and the Environment[J].Quarterly Journal of Economics, 109 (3): 755–787.

DALY H, GOODLAND R, 1994. An ecological- economic assessment of deregulation of International commerce under GATT [J].Ecological Economics: Special Issue: Trade and the Environment, 9 (1): 73–92.

ELISTE P, FREDRIKSSON P G, 1998. Does Open Trade Result in A Race to the Bottom.Cross- country Evidence [R].Mimeo, Washington D C: The World Bank.

EPA. Inventory of US Greenhouse Gas Emissions and Sinks: 1990—2009[M/OL].http: //www.epa.gov/methane/sources.html.

FAO, 2006. Livestock Long Shadow[R].

FORD RUNGER C, 1996.The Environment Effects of Agricultural Trade [C]. The Environment Effect of Trade: 15–53.

FREIBAUER A, 2003.Regionalised inventory of biogenic greenhouse gas emissions from European agriculture[J]. European Journal of Agronomy, 19 (2): 135–160.

GOODLAND R, ANHANG J, 2009. Livestock and Climate Change [R]. WORLD WATCH: 10–19.

GROSSMAN G M, KRUEGER A B, 1991.Environmental Impacts of a North

American Free Trade Agreement[R].NBER Working Paper: 3 914.

GROSSMAN G M, KRUEGER A B, 1995.Economic Growth and the Environment[J].Quarterly Journal of Economics, 110 (2): 353-377.

HAYAMI, RUTTAN Y, 1970. Factor Prices and Technical Change in Agricultural Development[J].Journal of Political Economy, 78 (5): 1 115-1 141.

HOLLANDER G M, 2004. Agricultural Trade Liberalization, Multi-functionality and Sugar in the South Florida Landscape [J]. Geoforum, 35 (3): 299-312.

IPCC, 1995. IPCC Guidelines for National Greenhouse Gas Inventories Volumes 3[R]. IPCC Bracknell.

IPCC, 2006. IPCC Guidelines for National Greenhouse Gas Inventories Volume 4: Agriculture, Forestry and other Land Use[R]. Geneva, Switzerland.

IPCC, 2007. Intergovernmental Panel on Climate Change [R]. IPCC WGI Fourth Assessment Report.

JOSEPF C, CHAI H, 2002.Trade and Environment: Evidence from China' s Manufacturing Sector[J]. Sustainable Development, 10 (1): 25-35.

KHALIL M A K, SHEARER M J, RASMUSSEN R A, 1993.Methane sources in China: historical and current emission [J]. Chemosphere, 26 (93): 127-142.

LUTZ E, 1992. Agricultural Trade Liberalization, Price Change and Environment Effects [J].Environmental and Resource Economics, 2 (1): 79-89.

MAY P H, BONILLA O S, 1997.The Environment Effects of Agricultural Trade Liberalization in Latin America: an Interpretation [J].Ecological Economics, 22 (1): 5-18.

MINTEN B, RANDRIANARISON L, SWINNEN J, 2007.Spillovers from High-value Agriculture for Exports on Land Use in Developing Countries: Evidence from Madagascar[J].Agricultural Economics, 37 (2-3): 265-

275.

NOVO P, GARRIDO A, VAERLA- ORTEGA C, 2008.Are Virtual Water "Flows" in Spanish Grain Trade Consistent with Relative Water Scarcity? [J]. Ecological Economics, 68 (5): 1 454–1 464.

RAE A N, STRUTT A, 2007.The WTO, Agricultural Trade Reform and the Environment: Nitrogen and Agro- Chemical Indicators for the OECD [J]. Estey Centre Journal of International Law and Trade Policy, 8 (1): 11–32.

SELDEN T M, SONG D, 1994. Environmental Quality and Development: is there a Kuznets Curve for Air Pollution Emissions [J].Journal of Environmental Economics and Management, 27 (2): 147–162.

SHAFIK N, BANDYO, 1992.Economic Growth and Environmental Quality: Time series and Cross- Country Evidence, Background Paper for the World Development Report [R].The World Bank, Washington D C.

STEVE R C, PRABHU L P, ELENA M B, et al, 2005. Ecosystem and Human Wellbeing: Scenarios [M].Washington, London: Islang Press, Volume 2 .

SUBAK S. Global Environmental Costs of Beef Production [J].Ecological Economics, 1999, 30 (1): 79–91.

VENNEMO A H, AUNAN K, HE J W, et al, 2007.Environmental Impacts of China's WTO–accession [J].Ecological Economics, 5 (18): 1–19.

VERBURG R, STEHFEST E, WOLTJER G, et al, 2009. The Effect of Agricultural Trade Liberalisation on Land- use Related Greenhouse Gas Emissions [J]. Global Environmental Change, 19 (4): 434–446.

YAMAJI K, OHARA T, AKIMOTO H, 2003. A country- specific, High Resolution Emission Inventory for Methane from Livestock in Asia in 2000 [J]. Atmospheric Environment, 37 (31): 4 393–4 406.

YANG S S, LIU C M, LIU Y L, 2003. Estimation of Methane and Nitrous Oxide Emission from Animal Production Sector in Taiwan during 1990—2000 [J].Chemosphere, 52 (9): 1 381–1 388.

ZHOU J B, JIANG M M, CHEN G Q, 2007. Estimation of Methane and Nitrous Oxide Emission from Livestock and Poultry in China during 1949—2003[J]. Energy Policy, 35 (7): 3 759-3 767.

附录：EViews7.0 输出结果

附录1　面板数据的单位根检验结果

附表1　CO_2排放量的单位根检验结果

Pool unit root test: Summary

Date: 01/14/12　　Time: 10:34

Sample: 1994 2008

Method	Statistic	Prob.**	Cross-sections	Obs
Null: Unit root (assumes common unit root process)				
Levin, Lin & Chu t*	−2.684 66	0.003 6	27	366
Breitung t−stat	−1.286 36	0.099 2	27	339
Null: Unit root (assumes individual unit root process)				
Im, Pesaran and Shin W−stat	3.509 33	0.999 8	27	366
ADF − Fisher Chi−square	56.389 7	0.385 7	27	366
PP − Fisher Chi−square	60.749 2	0.245 8	27	378

** Probabilities for Fisher tests are computed using an asympotic Chisquare distribution. All other tests assume asymptotic normality.

附表2 DCO₂排放量的单位根检验结果

Pool unit root test: Summary

Date: 01/14/12   Time: 10:36

Sample: 1994 2008

Method	Statistic	Prob.**	Cross-sections	Obs
Null: Unit root (assumes common unit root process)				
Levin, Lin & Chu t*	−15.178 9	0.000 0	27	345
Breitung t−stat	−5.950 80	0.000 0	27	318
Null: Unit root (assumes individual unit root process)				
Im, Pesaran and Shin W−stat	−12.975 7	0.000 0	27	345
ADF – Fisher Chi−square	243.418	0.000 0	27	345
PP – Fisher Chi−square	319.488	0.000 0	27	351

** Probabilities for Fisher tests are computed using an asympotic Chisquare distribution. All other tests assume asymptotic normality.

附表3 D（DCO₂）排放量的单位根检验结果

Pool unit root test: Summary

Date: 01/14/12   Time: 12:49

Sample: 1994 2008

Method	Statistic	Prob.**	Cross-sections	Obs
Null: Unit root (assumes common unit root process)				
Levin, Lin & Chu t*	−17.551 3	0.000 0	27	297

Pool unit root test: Summary

Breitung t−stat	−9.142 79	0.000 0	27	270

Null: Unit root (assumes individual unit root process)

Im, Pesaran and Shin W−stat	−15.940 4	0.000 0	27	297
ADF − Fisher Chi−square	288.237	0.000 0	27	297
PP − Fisher Chi−square	536.022	0.000 0	27	324

** Probabilities for Fisher tests are computed using an asympotic Chisquare distribution. All other tests assume asymptotic normality.

附表4　Y的单位根检验结果

Pool unit root test: Summary

Date: 04/10/12　　Time: 14:49

Sample: 1994 2008

Method	Statistic	Prob.**	Cross−sections	Obs
Null: Unit root (assumes common unit root process)				
Levin, Lin & Chu t*	11.715 2	1.000 0	27	369
Breitung t−stat	1.074 18	0.858 6	27	345
Null: Unit root (assumes individual unit root process)				
Im, Pesaran and Shin W−stat	12.263 7	1.000 0	27	369
ADF − Fisher Chi−square	6.467 73	1.000 0	27	369
PP − Fisher Chi−square	6.585 21	1.000 0	27	378

** Probabilities for Fisher tests are computed using an asymptotic Chisquare distribution. All other tests assume asymptotic normality.

附表5 DY的单位根检验结果

Pool unit root test: Summary

Date: 04/10/12   Time: 14:49

Sample: 1994 2008

Method	Statistic	Prob.**	Cross-sections	Obs
Null: Unit root (assumes common unit root process)				
Levin, Lin & Chu t*	−9.482 83	0.000 0	27	347
Breitung t−stat	−5.829 75	0.000 0	27	323
Null: Unit root (assumes individual unit root process)				
Im, Pesaran and Shin W−stat	−7.377 28	0.000 0	27	347
ADF − Fisher Chi−square	157.760	0.000 0	27	347
PP − Fisher Chi−square	198.835	0.000 0	27	351

** Probabilities for Fisher tests are computed using an asymptotic Chisquare distribution. All other tests assume asymptotic normality.

附表6 D（DY）的单位根检验结果

Pool unit root test: Summary

Date: 04/10/12   Time: 14:49

Sample: 1994 2008

Method	Statistic	Prob.**	Cross-sections	Obs
Null: Unit root (assumes common unit root process)				
Levin, Lin & Chu t*	−22.846 6	0.000 0	27	316

Pool unit root test: Summary

Breitung t-stat	−13.372 9	0.000 0	27	277

Null: Unit root (assumes individual unit root process)

Im, Pesaran and Shin W−stat	−19.185 4	0.000 0	27	316
ADF − Fisher Chi−square	343.618	0.000 0	27	316
PP − Fisher Chi−square	461.549	0.000 0	27	324

** Probabilities for Fisher tests are computed using an asymptotic Chisquare distribution. All other tests assume asymptotic normality.

附表7 Y_2 的单位根检验结果

Pool unit root test: Summary

Date: 04/10/12   Time: 14:49

Sample: 1994 2008

Method	Statistic	Prob.**	Cross- sections	Obs
Null: Unit root (assumes common unit root process)				
Levin, Lin & Chu t*	11.715 2	1.000 0	27	369
Breitung t−stat	7.637 63	1.000 0	27	349
Null: Unit root (assumes individual unit root process)				
Im, Pesaran and Shin W−stat	12.263 7	1.000 0	27	369
ADF − Fisher Chi−square	6.467 73	1.000 0	27	369
PP − Fisher Chi−square	6.585 21	1.000 0	27	378

** Probabilities for Fisher tests are computed using an asymptotic Chisquare distribution. All other tests assume asymptotic normality.

附表8 DY$_2$的单位根检验结果

Pool unit root test: Summary

Date: 04/10/12 Time: 14:49

Sample: 1994 2008

Method	Statistic	Prob.**	Cross-sections	Obs
Null: Unit root (assumes common unit root process)				
Levin, Lin & Chu t*	−9.482 83	0.000 0	27	347
Breitung t−stat	−3.726 36	0.000 1	27	322
Null: Unit root (assumes individual unit root process)				
Im, Pesaran and Shin W−stat	−7.377 28	0.000 0	27	347
ADF – Fisher Chi−square	157.760	0.000 0	27	347
PP – Fisher Chi−square	198.835	0.000 0	27	351

** Probabilities for Fisher tests are computed using an asympotic Chi

−square distribution. All other tests assume asymptotic normality.

附表9 D（DY$_2$）的单位根检验结果

Pool unit root test: Summary

Date: 04/10/12   Time: 14:49

Sample: 1994 2008

Method	Statistic	Prob.**	Cross-sections	Obs
Null: Unit root (assumes common unit root process)				
Levin, Lin & Chu t*	−22.846 6	0.000 0	27	316

Pool unit root test: Summary

Breitung t-stat	-9.702 39	0.000 0	27	277

Null: Unit root (assumes individual unit root process)

Im, Pesaran and Shin W-stat	-19.185 4	0.000 0	27	316
ADF – Fisher Chi-square	343.618	0.000 0	27	316
PP – Fisher Chi-square	461.549	0.000 0	27	324

** Probabilities for Fisher tests are computed using an asympotic Chisquare distribution. All other tests assume asymptotic normality.

附表 10　CH_4排放量的单位根检验结果

Pool unit root test: Summary

Date: 01/14/12　　Time: 10:52

Sample: 1994 2008

Method	Statistic	Prob.**	Cross-sections	Obs
Null: Unit root (assumes common unit root process)				
Levin, Lin & Chu t*	-3.520 26	0.000 2	27	360
Breitung t-stat	1.667 12	0.952 3	27	333
Null: Unit root (assumes individual unit root process)				
Im, Pesaran and Shin W-stat	-0.780 63	0.217 5	27	360
ADF – Fisher Chi-square	75.083 0	0.030 4	27	360
PP – Fisher Chi-square	42.062 4	0.881 2	27	378

** Probabilities for Fisher tests are computed using an asympotic Chisquare distribution. All other tests assume asymptotic normality.

附表 11　DCH₄排放量的单位根检验结果

Pool unit root test: Summary

Date: 01/14/12　　Time: 11:01

Sample: 1994 2008

Method	Statistic	Prob.**	Cross-sections	Obs
Null: Unit root (assumes common unit root process)				
Levin, Lin & Chu t*	−7.400 98	0.000 0	27	337
Breitung t−stat	−6.852 59	0.000 0	27	310
Null: Unit root (assumes individual unit root process)				
Im, Pesaran and Shin W−stat	−6.210 52	0.000 0	27	337
ADF − Fisher Chi−square	133.717	0.000 0	27	337
PP − Fisher Chi−square	112.985	0.000 0	27	351

** Probabilities for Fisher tests are computed using an asympotic Chisquare distribution. All other tests assume asymptotic normality.

附表 12　D（DCH₄）排放量的单位根检验结果

Pool unit root test: Summary

Date: 01/14/12　　Time: 11:01

Sample: 1994 2008

Method	Statistic	Prob.**	Cross-sections	Obs
Null: Unit root (assumes common unit root process)				
Levin, Lin & Chu t*	−14.783 2	0.000 0	27	309

Pool unit root test: Summary

Breitung t−stat	−4.652 86	0.000 0	27	282

Null: Unit root (assumes individual unit root process)

Im, Pesaran and Shin W−stat	−11.602 2	0.000 0	27	309
ADF − Fisher Chi−square	235.423	0.000 0	27	309
PP − Fisher Chi−square	319.809	0.000 0	27	324

** Probabilities for Fisher tests are computed using an asymptotic Chisquare distribution. All other tests assume asymptotic normality.

附表13　F_1的单位根检验结果

Pool unit root test: Summary

Date: 01/14/12　　Time: 11:27

Sample: 1994 2008

Method	Statistic	Prob.**	Cross−sections	Obs
Null: Unit root (assumes common unit root process)				
Levin, Lin & Chu t*	−10.571 9	0.000 0	27	369
Breitung t−stat	−0.243 20	0.403 9	27	342
Null: Unit root (assumes individual unit root process)				
Im, Pesaran and Shin W−stat	−7.761 93	0.000 0	27	369
ADF − Fisher Chi−square	169.749	0.000 0	27	369
PP − Fisher Chi−square	214.094	0.000 0	27	378

** Probabilities for Fisher tests are computed using an asymptotic Chisquare distribution. All other tests assume asymptotic normality.

附表14　DF₁的单位根检验结果

Pool unit root test: Summary

Date: 01/14/12　　Time: 11:28

Sample: 1994 2008

Method	Statistic	Prob.**	Cross-sections	Obs
Null: Unit root (assumes common unit root process)				
Levin, Lin & Chu t*	−12.647 1	0.000 0	27	342
Breitung t−stat	−1.688 36	0.045 7	27	315
Null: Unit root (assumes individual unit root process)				
Im, Pesaran and Shin W−stat	−10.178 7	0.000 0	27	342
ADF – Fisher Chi−square	200.468	0.000 0	27	342
PP – Fisher Chi−square	274.940	0.000 0	27	351

** Probabilities for Fisher tests are computed using an asympotic Chisquare distribution. All other tests assume asymptotic normality.

附表15　D（DF₁）的单位根检验结果

Pool unit root test: Summary

Date: 01/14/12　　Time: 11:29

Sample: 1994 2008

Method	Statistic	Prob.**	Cross-sections	Obs
Null: Unit root (assumes common unit root process)				
Levin, Lin & Chu t*	−23.941 8	0.000 0	27	313

续表

Pool unit root test: Summary				
Breitung t–stat	−8.386 48	0.000 0	27	286
Null: Unit root (assumes individual unit root process)				
Im, Pesaran and Shin W–stat	−20.026 9	0.000 0	27	313
ADF – Fisher Chi–square	355.310	0.000 0	27	313
PP – Fisher Chi–square	486.181	0.000 0	27	324

** Probabilities for Fisher tests are computed using an asymptotic Chisquare distribution. All other tests assume asymptotic normality.

附表16　F_2的单位根检验结果

Pool unit root test: Summary

Date: 01/14/12　　Time: 12:38

Sample: 1994 2008

Method	Statistic	Prob.**	Cross–sections	Obs
Null: Unit root (assumes common unit root process)				
Levin, Lin & Chu t*	−18.426 9	0.000 0	27	369
Breitung t–stat	−0.525 98	0.299 5	27	342
Null: Unit root (assumes individual unit root process)				
Im, Pesaran and Shin W–stat	−5.851 60	0.000 0	27	369
ADF – Fisher Chi–square	114.803	0.000 0	27	369
PP – Fisher Chi–square	119.346	0.000 0	27	378

** Probabilities for Fisher tests are computed using an asymptotic Chisquare distribution. All other tests assume asymptotic normality.

附表 17　DF$_2$的单位根检验结果

Pool unit root test: Summary

Date: 01/14/12　　Time: 12:39

Sample: 1994 2008

Method	Statistic	Prob.**	Cross-sections	Obs
Null: Unit root (assumes common unit root process)				
Levin, Lin & Chu t*	−14.670 9	0.000 0	27	339
Breitung t−stat	−5.413 57	0.000 0	27	312
Null: Unit root (assumes individual unit root process)				
Im, Pesaran and Shin W−stat	−13.736 6	0.000 0	27	339
ADF – Fisher Chi−square	254.348	0.000 0	27	339
PP – Fisher Chi−square	270.611	0.000 0	27	351

** Probabilities for Fisher tests are computed using an asympotic Chisquare distribution. All other tests assume asymptotic normality.

附表 18　D（DF$_2$）的单位根检验结果

Pool unit root test: Summary

Date: 01/14/12　　Time: 12:39

Sample: 1994 2008

Method	Statistic	Prob.**	Cross-sections	Obs
Null: Unit root (assumes common unit root process)				
Levin, Lin & Chu t*	−28.136 9	0.000 0	27	308

续表

Pool unit root test: Summary				
Breitung t–stat	−5.540 09	0.000 0	27	281
Null: Unit root (assumes individual unit root process)				
Im, Pesaran and Shin W–stat	−25.594 7	0.000 0	27	308
ADF – Fisher Chi–square	416.388	0.000 0	27	308
PP – Fisher Chi–square	569.968	0.000 0	27	324

** Probabilities for Fisher tests are computed using an asymptotic Chisquare distribution. All other tests assume asymptotic normality.

附表19　N_2O 排放量的单位根检验结果

Pool unit root test: Summary

Date: 01/14/12　　Time: 14:20

Sample: 1994 2008

Method	Statistic	Prob.**	Cross–sections	Obs
Null: Unit root (assumes common unit root process)				
Levin, Lin & Chu t*	−5.389 40	0.000 0	27	371
Breitung t–stat	0.612 14	0.729 8	27	344
Null: Unit root (assumes individual unit root process)				
Im, Pesaran and Shin W–stat	−4.369 34	0.000 0	27	371
ADF – Fisher Chi–square	110.316	0.000 0	27	371
PP – Fisher Chi–square	114.486	0.000 0	27	378

** Probabilities for Fisher tests are computed using an asymptotic Chisquare distribution. All other tests assume asymptotic normality.

附表20　DN₂O排放量的单位根检验结果

Pool unit root test: Summary

Date: 01/14/12　　Time: 14:21

Sample: 1994 2008

Method	Statistic	Prob.**	Cross-sections	Obs
Null: Unit root (assumes common unit root process)				
Levin, Lin & Chu t*	−25.708 6	0.000 0	27	345
Breitung t−stat	−16.892 6	0.000 0	27	318
Null: Unit root (assumes individual unit root process)				
Im, Pesaran and Shin W−stat	−20.348 2	0.000 0	27	345
ADF – Fisher Chi−square	363.218	0.000 0	27	345
PP – Fisher Chi−square	396.146	0.000 0	27	351

** Probabilities for Fisher tests are computed using an asympotic Chisquare distribution. All other tests assume asymptotic normality.

附表21　D（DN₂O）排放量的单位根检验结果

Pool unit root test: Summary

Date: 01/14/12　　Time: 14:22

Sample: 1994 2008

Method	Statistic	Prob.**	Cross-sections	Obs
Null: Unit root (assumes common unit root process)				
Levin, Lin & Chu t*	−17.492 4	0.000 0	27	304

续表

Pool unit root test: Summary				
Breitung t−stat	−11.001 4	0.000 0	27	277
Null: Unit root (assumes individual unit root process)				
Im, Pesaran and Shin W−stat	−19.461 7	0.000 0	27	304
ADF − Fisher Chi−square	351.575	0.000 0	27	304
PP − Fisher Chi−square	522.661	0.000 0	27	324

** Probabilities for Fisher tests are computed using an asymptotic Chisquare distribution. All other tests assume asymptotic normality.

附录2 面板数据的模型运行结果

附表22 贸易自由化对CO_2排放量影响的Hausman检验结果

Correlated Random Effects − Hausman Test

Pool: POOL02

Test cross−section random effects

Test Summary	Chi−Sq. Statistic	Chi−Sq. d.f.	Prob.
Cross−section random	0.000 000	5	1.000 0

附表23 贸易自由化对CO_2排放量影响的模型运行结果

Dependent Variable: Q?

Method: Pooled EGLS (Cross−section random effects)

Date: 04/10/12   Time: 15:47

Sample: 1994 2008

Included observations: 15

Dependent Variable: Q?

Cross—sections included: 30

Total pool (balanced) observations: 450

Swamy and Arora estimator of component variances

Variable	Coefficient	Std. Error	t–Statistic	Prob.
C	–7 869.859	864.471 3	–9.103 667	0.000 0
Y?	0.041 217	0.012 560	3.281 482	0.001 1
Y2?	–3.56E–06	2.78E–06	–1.281 212	0.200 8
F1?	48.473 09	22.772 13	2.128 614	0.033 8
F2?	–25.375 15	8.510 844	–2.981 508	0.003 0
T?	4.003 039	0.436 400	9.172 872	0.000 0

Effects Specification

			S.D.	Rho
Cross—section random			136.049 6	0.976 5
Idiosyncratic random			21.099 11	0.023 5

Weighted Statistics

R–squared	0.629 568	Mean dependent var	7.846 451
Adjusted R–squared	0.625 397	S.D. dependent var	34.615 51
S.E. of regression	21.186 36	Sum squared resid	199 294.7
F–statistic	150.920 4	Durbin–Watson stat	0.291 850
Prob(F–statistic)	0.000 000		

Unweighted Statistics

R–squared	0.083 799	Mean dependent var	196.110 1
Sum squared resid	9 264 777	Durbin–Watson stat	0.006 278

附表24　贸易自由化对 CH_4 排放量影响的 Hausman 检验结果

Correlated Random Effects – Hausman Test

Pool: POOL01

Test cross–section random effects

Test Summary	Chi–Sq. Statistic	Chi–Sq. d.f.	Prob.
Cross–section random	0.000 000	5	1.000 0

* Cross–section test variance is invalid. Hausman statistic set to zero.

附表25　贸易自由化对 CH_4 排放量影响的模型运行结果

Dependent Variable: Q1?

Method: Pooled EGLS (Cross–section random effects)

Date: 04/10/12　Time: 15:50

Sample: 1994 2008

Included observations: 15

Cross–sections included: 30

Total pool (balanced) observations: 450

Swamy and Arora estimator of component variances

Variable	Coefficient	Std. Error	t–Statistic	Prob.
C	807.089 2	271.901 6	2.968 313	0.003 2
Y?	0.021 462	0.003 951	5.432 363	0.000 0
Y2?	$-4.21E-06$	8.75E–07	$-4.815 938$	0.000 0
F1?	$-4.924 834$	7.162 838	$-0.687 554$	0.492 1
F2?	0.481 476	2.676 876	0.179 865	0.857 3
T?	$-0.380 080$	0.137 266	$-2.768 935$	0.005 9

Dependent Variable: Q1?			
Effects Specification			
		S.D.	Rho
Cross-section random		40.592 88	0.974 0
Idiosyncratic random		6.638 239	0.026 0
Weighted Statistics			
R-squared	0.075 377	Mean dependent var	2.883 247
Adjusted R-squared	0.064 964	S.D. dependent var	7.007 895
S.E. of regression	6.776 442	Sum squared resid	20 388.55
F-statistic	7.239 105	Durbin-Watson stat	0.482 784
Prob(F-statistic)	0.000 002		
Unweighted Statistics			
R-squared	0.029 269	Mean dependent var	68.345 70
Sum squared resid	1 196 931	Durbin-Watson stat	0.008 224

附表26　贸易自由化对 N_2O 排放量影响的 Hausman 检验结果

Correlated Random Effects – Hausman Test			
Pool: POOL01			
Test cross-section random effects			
Test Summary	Chi-Sq. Statistic	Chi-Sq. d.f.	Prob.
Cross-section random	0.000 000	5	1.000 0
* Cross-section test variance is invalid. Hausman statistic set to zero.			

附表27　贸易自由化对N₂O排放量影响的模型运行结果

Dependent Variable: Q2?

Method: Pooled EGLS (Cross-section random effects)

Date: 04/10/12　　Time: 16:06

Sample: 1994 2008

Included observations: 15

Cross-sections included: 30

Total pool (balanced) observations: 450

Swamy and Arora estimator of component variances

Variable	Coefficient	Std. Error	t-Statistic	Prob.
C	−32.307 58	13.844 24	−2.333 648	0.020 1
Y?	0.000 753	0.000 201	3.742 470	0.000 2
Y2?	−1.77E−07	4.45E−08	−3.970 726	0.000 1
F1?	−0.339 213	0.364 731	−0.930 036	0.352 9
F2?	−0.227 042	0.136 291	−1.665 863	0.096 4
T?	0.017 317	0.006 989	2.477 638	0.013 6

Effects Specification

		S.D.	Rho
Cross-section random		1.896 021	0.969 2
Idiosyncratic random		0.338 175	0.030 8

Weighted Statistics

R-squared	0.140 860	Mean dependent var	0.137 732
Adjusted R-squared	0.131 185	S.D. dependent var	0.363 834

续表

Dependent Variable: Q2?			
S.E. of regression	0.339 131	Sum squared resid	51.064 24
F–statistic	14.559 20	Durbin–Watson stat	1.288 553
Prob(F–statistic)	0.000 000		
Unweighted Statistics			
R–squared	0.045 820	Mean dependent var	2.993 939
Sum squared resid	1 748.063	Durbin–Watson stat	0.037 641

后　记

在安徽省高校人文社会科学研究重大项目和国家自然科学基金青年项目等资助下，在安徽师范大学经济管理学院领导的关心和支持下，本书得以顺利出版，即将面向读者。本书是在我的博士论文基础上修改而成的。在论文的写作和书稿的修改过程中，许多人给予了我极大的鼓励和帮助，在此表示感谢。

我要拜谢我的导师胡浩教授。胡老师不嫌弃我的非名门出身，将我录取为他的博士生，使我有幸能到心目中的理想学校南京农业大学求学。博士三年，先生渊博的学识、精辟的见解、谦逊的为人、幽默风趣的谈吐，让我既学到了做研究的方法，也悟出了一些做人的道理，只可惜三年太短，加上学生愚钝，未能学到先生之精髓，毕业之际甚感遗憾。同时，还要感谢先生一直体谅我的难处。在该校经管学院的2009级研究生中我是唯一一位成家的全脱产应届博士生，因此，我不但要从事与博士论文有关的课题研究和论文撰写，还要做兼职赚钱养家，以肩负起一个丈夫和父亲的责任。正因为有先生的谅解和关照，我才有幸完成我的博士论文并通过论文答辩。此生有缘拜读先生门下攻读博士学位，乃我人生之大幸也。

我要感谢教导和关心过我的其他老师。感谢钟甫宁教授、周应恒教授、朱晶教授、常向阳教授、周曙东教授、陈东平教授、李岳云教授、应瑞瑶教授、陈超教授、张兵教授、王凯教授、王树进教授、苏群教授、王怀明教授、周宏教授、何军教授、林光华教授、苗齐副教授、李祥妹副教授、周力副教授。是这些老师的点评和教诲，将懵懂的我引入了经济学的殿堂，使我有幸接受了应用经济学思维方式、研究方法等方面的训练和熏陶，这些都是我学术生涯的重要财富，将使我终生受益。此外，还要感谢我的硕导云南大学经济学院程士国教授，他一直以来都像朋友一样关心我的学习和生活。

我要感谢那些在我求学生涯中曾经帮助过我的好友们。尤其感谢张晖、虞祎、张锋、郭利京，是他们在生活和学习上不断地给予我帮助，督促我勇往直前。感谢2009级的博士生胡雪枝、李演秋、李佳佳、唐力、张晓敏、刘明轩、王海涛、潘丹、向晶、周振、周帧、王二朋、代云云、张姝、王海员、吴婷婷、张建军、胡帮勇、陶群山、俞云、曹洪盛、朱勇，是他们的陪伴和帮助，使我在艰辛的求学之路上不再孤单和无趣。感谢同门的师弟师妹韩会平、李宁、宋修一、孙亚楠、胡中应、杨中卫、郑微微、庄钠、周军、王益文、戴炜、王聪聪、杨泳冰、刘乃栋、刘素真、王玲瑜、张聪颖、崔若淇，他们三年中给予我很多帮助。感谢室友张宝乐、王泽英、吕佳琪，他们的陪伴让我的博士生活更加精彩。

我要感谢一直在背后默默支持我的家人。尤其要感谢我的妻子李敏女士，在我读研和攻博的六年里，她既要工作又要照顾孩子，她的默默支持为我腾出了宝贵的学习时间。另外，我的父母和三个姐姐，都在我的学习和生活上给予我无私的帮助和默默的支持。还有我可爱而淘气的儿子闵子懿，他总是能给我带来快乐和工作的动力。正是他们的无私奉献和温暖的爱，使我渡过了学习和工作中的一个又一个难关，顺利完成了我的博士论文和本书。

本书的顺利出版得到了经济管理学院各位领导的关心和督促，以及安徽师范大学出版社张奇才教授的大力支持，在此表示衷心的感谢！

闵继胜

2016年11月20日